中国科学院科学出版基金资助出版

民用飞机运营支持丛书

民用飞机直接维修
成本分析与控制

马小骏　苏茂根　王　勇　刘　昕　**编著**

科学出版社
北　京

内 容 简 介

本书是作者多年工程实践工作的总结,系统阐述了民用飞机直接维修成本研究的基本问题和解决方法,介绍了民用飞机直接维修成本分析与控制的方法和研究成果。

全书围绕民用飞机直接维修成本分析与控制的理论和实际问题进行阐述,共分 10 章。第 1 章概述民用飞机直接维修成本的研究背景,第 2 章介绍民用飞机直接维修成本的基本概念和研究现状,第 3 章主要介绍民用飞机直接维修成本的基本业务规则,第 4 章阐述民用飞机直接维修成本的目标设置方法,第 5 章说明民用飞机直接维修成本的分配方法,第 6 章分析民用飞机直接维修成本的预计方法,第 7 章介绍民用飞机直接维修成本的控制方法,第 8 章论述民用飞机直接维修成本的监控方法,第 9 章讨论民用飞机直接维修成本的优化与改进方法,第 10 章展望民用飞机直接维修成本工作的发展方向。

本书可供航空领域的科技工作者参考,同时适合高等院校航空技术及相关专业的师生和研究人员阅读。

图书在版编目(CIP)数据

民用飞机直接维修成本分析与控制/ 马小骏等编著.
—北京:科学出版社,2017.4
(民用飞机运营支持丛书)
ISBN 978 - 7 - 03 - 052109 - 5

Ⅰ. ①民… Ⅱ. ①马… Ⅲ. ①民用飞机-维修-成本分析 ②民用飞机-维修-成本控制 Ⅳ. ①V267

中国版本图书馆 CIP 数据核字(2017)第 050443 号

责任编辑:王艳丽
责任印制:谭宏宇 / 封面设计:殷 靓

科学出版社 出版
北京东黄城根北街 16 号
邮政编码:100717
http://www.sciencep.com

南京展望文化发展有限公司排版

苏州市越洋印刷有限公司印刷
科学出版社发行 各地新华书店经销

*

2017 年 4 月第 一 版 开本:B5(720×1000)
2017 年 4 月第一次印刷 印张:15 1/2 插页:1
字数:348 000

定价:98.00 元
(如有印装质量问题,我社负责调换)

民用飞机运营支持丛书

专家委员会

主 任 委 员　吴光辉

委　　　员　（按姓氏笔画排列）
李　军　吴希明　周凯旋　徐庆宏　黄领才
龚海平　董建鸿　薛世俊

编审委员会

主 任 委 员　马小骏

副主任委员　左洪福　杨卫东

委　　　员　（按姓氏笔画排列）
丁宏宇　王允强　石靖敏　卢　斌　舟茂江
丛美慧　吉凤贤　吕　鹭　朱亚东　任　章
刘　虎　刘　昕　关　文　苏茂根　李　怡
佟　宇　宋玉起　徐志锋　诸文洁　黄　蓝
曹天天　常芙蓉　崔章栋　梁　勇　彭焕春
曾　勇

《民用飞机直接维修成本分析与控制》

编 写 人 员

主　　编　马小骏　苏茂根　王　勇　刘　昕

参　　编　徐志锋　贾宝惠　王伟明　刘　余
　　　　　李耀华　商桂娥　马景龙　卢　翔
　　　　　刘　成　王玉鑫　赵毓涵　张晓伟
　　　　　张　清　黎　洪

丛书总序1

　　民用飞机产业是典型的知识密集、技术密集、资本密集的高技术、高附加值、高风险的战略性产业,民用飞机运营支持是民用飞机产业链上的重要环节。2010年,我国工业和信息化部首次在"十二五"民用飞机专项科研领域设立"运营支持专业组",并列入国家五年规划,将民用飞机运营支持与飞机、发动机等并列为独立专业进行规划研究。2014年,中国民航局飞行标准司发布《国产航空器的运行评审》(AC-91-10R1)和《航空器制造厂家运行支持体系建设规范》(MD-FS-AEG006),对主制造商航空器评审和运营支持体系建设提出了明确的要求和指导意见,为民用飞机运营支持专业的建设和发展指明了方向。

　　经过改革开放数十年的发展历程,我国航空工业对市场、客户、成本的概念并不陌生,但由于缺乏固定持续的项目投入,我国在按照国际标准自主研制民用飞机方面,没有走完一个完整的研制生产和商业化运营的过程,运营支持的理论和实践都比较薄弱。随着我国自主研制的大飞机项目的推进,对标国际一流标准,面对市场化和客户化需求,运营支持专业建设的重要性愈加凸显。

　　民用飞机运营支持工作是民用飞机制造业与民航运输业的纽带和桥梁,既要理解和满足客户运营要求,又要满足适航和运行标准,确保客户顺畅安全运营,保障我国民用飞机产品取得技术成功、市场成功和商业成功。运营支持专业具有一定的特殊性:一是服务时间长。随着产品复杂性的提高和市场竞争的激烈化,运营支持已经贯穿于飞机研制、制造、试验试飞、交付运营的全过程;二是技术要求高。服务内容涉及设计、制造、仿真、培训、维修、物流、信息技术及适航管控等多个领域,是一项高技术综合集成、多领域高效协作的复杂系统工程;三是服务范围广。民用飞机在使用过程中必须按照全球化运营要求,对培训、维修、备件服务、运行支援等服务链进行细分和布局,才能满足不同国家和地区,以及不同用户的各种需求;四是带动效益高。运营支持作为一种增值环节,是民用飞机产业化后的重要利润来源,同时推动飞行品质的持续改进,推动每一款新型飞机赢得忠实客户并实现市场化运作。

中国商用飞机有限责任公司作为国家大型客机项目的运作实体,已经对标国际一流先进理念,构建了以研发、生产、客服三大平台为主体的公司架构,中国商飞上海飞机客户服务有限公司作为运营支持的主体,建立了对标国际一流的运营支持体系,填补了国内运营支持领域的空白,在该专业领域开展了许多卓有成效的工作。西安飞机工业(集团)有限责任公司作为按照中国民用航空规章第121部运行规范管理的公共航空运输企业中运行的航空器制造商,目前也建立了自己的客户服务体系。运营支持工作不仅仅是飞机主制造商战略层面的需求,更是民用飞机产业发展的必经之路。

"民用飞机运营支持丛书"作为科学出版社重点图书出版,是我国民用飞机研制过程中的重要内容。丛书既包括领域内先进的理论方法和技术,也包括"十二五"以来民用飞机运营支持领域第一线的研究成果和工作经验。本丛书的出版将完善民用飞机专业技术体系,为我国民用飞机研制和产业发展提供有力的技术保障。丛书亦可供航空院校的学生及与航空工作相关的专业人士参考。

在此,对在民用飞机运营支持领域默默耕耘的行业开拓者表示敬意,对为此丛书的出版贡献智慧和力量的国内外航空领域专业人士表示谢意!

张彦仲

国务院大型飞机重大专项专家咨询委员会主任委员

中国商飞公司大型客机项目专家咨询组组长

中国工程院院士

二〇一七年三月

丛书总序2

民用飞机运营支持专业是一个综合了飞机设计、制造、可靠性与维修性工程、安全工程、适航技术与管理、工业工程、物流工程、信息技术以及系统工程等专业逐渐发展形成的新兴领域,是实现民用飞机制造商产品价值增值、持续发展的关键,也是实现民用飞机运营商安全运营、持续有效创造利润的核心要素。加强民用飞机运营支持体系建设可以提高主制造商的服务水平和保障能力,增强对上下游供应链的控制能力,从而打造主制造商的品牌价值。国外一流的民用飞机主制造商早已意识到运营支持是自身品牌占据市场份额的竞争要素,运营支持的理念、模式、内容和技术不断更迭,以为客户提供快速、可靠、低成本、网络化和信息化的服务为目标,建设完备先进的运营支持网络和设施。

2010 年,我国工业和信息化部首次在"十二五"民用飞机专项科研领域设立"运营支持专业组",并列入国家的五年规划。经过"十二五"的预研攻关,我国民用飞机运营支持在多个前沿技术领域取得重要突破,并应用到国产支线飞机、干线飞机、直升机和通用飞机的型号研制工作中。

在总结民用飞机运营支持专业"十二五"工作成果和国产民用飞机投入市场运行的实践经验的同时,技术的进步和市场竞争的日益激烈,使得民用飞机运营支持专业领域涵盖的范围不断扩展,全方位、客户化的运营支持价值日益凸显。全新的客户理念推动运营支持专业迅速发展,工作内容涉及了客户培训、技术服务、备件支援、技术出版物和维修工程等多个领域,其范围也已延伸到飞机的研制前期,贯穿于飞机方案论证、产品设计、生产、试验试飞、交付、运营的全生命过程。

丛书涵盖了培训工程、维修工程与技术、运行安全工程与技术、工程数据应用等专业,涉及我国国产民用飞机、直升机和通用飞机运营支持的诸多关键技术。丛书的专家顾问、编委、编写人员由国内民用飞机运营支持领域的知名专家组成,包括我国民用飞机型号总设计师、高校教授、民航局专业人士等。丛书统一部署和规划,既从较高的理论高度关注基础前沿科学问题,又密切结合民用飞机运营支持领域发展的前沿成果,注重相关专业领域的应用技术内容。

丛书作为科学出版社"十三五"重点图书出版,体现了国家对民用飞机运营支持体系建设的高度重视,也体现了该领域迎来了前所未有的发展机遇。该套丛书的出版既可以为从事该领域研究、生产、应用和教学的诸行业专业人员提供系统的参考,又是对该领域发展极好的回顾和总结。作为国内全面阐述民用飞机运营支持体系的首套丛书,对促进中国民用飞机产业实现后发优势,填补专业领域空白,推动我国航空服务业发展,早日跻身航空大国有着重要的意义。

在此,我谨代表"民用飞机运营支持丛书"专家顾问委员会,向耕耘在运营支持领域的广大工作者们致以敬意。同时,也愿每一位读者从中受益!

中国商用飞机有限责任公司副总经理

C919 大型客机项目总设计师,副总指挥

二〇一七年三月

前　言

　　调查显示,影响民用飞机客户满意度的因素有可靠性、旅客舒适性、维修性、飞机经济性、飞机技术性能等,其中排在第一位的是经济性因素。国际上通常以直接运营成本(direct operation cost,DOC)来评价民用飞机的经济性。DOC 主要包括燃油成本、机组成本、起降和导航成本、维修成本、保险及租金成本,约占总运营成本的 60%。其中,直接维修成本(direct maintenance cost,DMC)是指飞机在维修时直接花费的人工时和材料费用,不包括在维修管理业务、航线航站维修保养、行政管理、记录管理、监督检查、工艺装备、检测设备、维修设施等方面的间接维修人工时和材料费用。DMC 作为反映飞机维修性和经济性的重要参数,在飞机运营成本中占有较大比例,对飞机的市场竞争性有着十分重要的影响,受到广泛重视。通常,飞机制造商在与客户签订购机协议时,需向客户提供 DMC 担保值,如果飞机在运营过程中 DMC 实际值超过了 DMC 担保值,飞机制造商需要对超出 DMC 担保值的部分向客户提供赔偿。

　　目前,国外民用飞机制造商有一套系统的整机 DMC 值确定、分配、预计方法与流程体系,能够确定出合理的 DMC 目标值,并且在全生命周期内通过科学合理的 DMC 控制方法来保证 DMC 目标值的实现。国外民用飞机制造商在销售飞机时,能够提供准确合理的 DMC 目标值,并且有理论方法和数据支持,这为提高客户认同感和市场占有率提供了有利的条件。同时,在飞机运营阶段国外民用飞机制造商还会建立有效的 DMC 监控系统和反馈机制,帮助航空公司制定维修策略,根据 DMC 反馈数据优化设计,实现了制造商和运营商的双赢。

　　在新舟 60、ARJ21 以及 C919 等国产民用飞机设计中,尚未形成一套完善的整机目标值确定、分配、预计与控制的方法,对目标值的确定多采用市场调研和类似机型对比的方法,具有很大的主观性和不准确性,在整个研制和运营过程中也缺少 DMC 目标值的贯彻、落实与控制,导致飞机实际的 DMC 值远高于目标值及竞争机型,从而使国内民用飞机制造商承担巨大的 DMC 担保赔偿风险,并在市场竞争中处于劣势。因此,需要研究确定一套科学系统的国内民用飞机 DMC 目标值确定、分配、预计与控制方法与流程,以保证国内民用飞机 DMC 指标的准确性、合理性以及全生命周期内 DMC 控制的有效性。

本书是作者多年来深入研究的成果,由参与我国民用飞机 DMC 分析与控制研究课题的主要工程技术人员共同撰写完成,是整个课题组集体智慧的结晶。全书由马小骏拟订大纲并统稿,各章具体写作分工为:第 1、2 章由贾宝惠、李耀华撰写,第 3 章由苏茂根、刘昕、徐志锋撰写,第 4 章由王伟明、张晓伟、张清、马景龙、黎洪撰写,第 5 章由商桂娥、赵毓涵撰写,第 6、9 章由王勇、徐志锋、刘余、刘成撰写,第 7、8 章由贾宝惠、李耀华、卢翔、王玉鑫撰写,第 10 章由贾宝惠、李耀华撰写。本书在编写过程中得到了左洪福、杨卫东、徐建新等专家的指导和帮助,在此表示诚挚的谢意。

由于民用飞机 DMC 分析与控制技术涉及多个领域的相关知识,加之作者水平有限,经验不足,书中难免存在不妥之处,恳请广大读者批评指正。

作　者

2017 年 1 月

目　录

CONTENTS

第1章 绪论

■
■
■
■

　　近年来,在中国政府的大力支持与推动下,中国航空业进入历史上发展最为迅猛的时期之一,各航空公司、航空制造企业都在快速发展壮大。根据波音公司在 2015 年对未来 20 年全球民用航空市场的预测(图 1.1),到 2034 年,中国将需要 6 330 架新飞机,总价值约为 9 500 亿美元。与此同时,中国民航机队规模在未来 20 年将扩大到现在的 3 倍左右,从 2014 年的 2 570 架增至 2034 年的 7 210

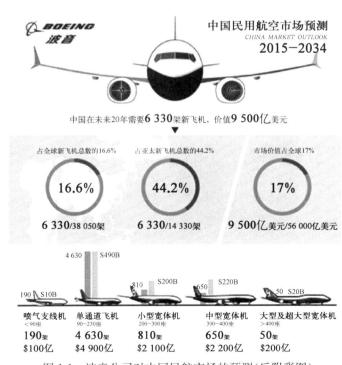

图 1.1　波音公司对中国民航市场的预测(后附彩图)

架。同为国际航空巨头的空客公司也在同期发布的市场预测报告中看好中国。显然,中国航空业的美好前景已经引起了国际巨头的关注,这在促进航空业蓬勃发展的同时也加剧了竞争的激烈性。

对航空公司来说,安全是根本,效益是目的,这两方面缺一不可。在保证安全的基础上,最大限度地提升效益已成为航空公司发展的首要目标。而实现这一目标一般有两种方法,一是提高票价,二是降低成本。但是,考虑到当前各航空公司纷纷打起价格战才能在激烈的竞争中获取些许优势的市场环境,靠提高票价的途径来增加利润无异于自掘坟墓。而若是着眼于成本的降低,不仅能直接为航空公司带来现实的利益,更能使航空公司在激烈的价格战中赢得更大的降价空间,获得顾客的青睐。因此,降低成本才是航空公司提高经济效益和争取竞争优势的根本途径。

在航空公司的整个成本构成当中,飞机的维修费用所占据的比例相对较大。特别是在国内,大多数的航空公司都在背负着沉重的成本负担而前行。在这些沉重的成本当中,飞机的维修成本占到了航空公司总成本的24%(见图1.2,有可能会更高),维修的费用也达到了当初购机费用的2/3,而航空公司却赚取着占到总成本5%~10%的微薄利润,肩上的担子非常沉重。如何降低飞机维修成本,是航空公司提高利润的主要途径之一,也是摆在航空公司面前的一道难题。飞机维修成本中耗费资金最多的当属发动机的维修费用,它几乎占到了飞机维修成本的50%(图1.3)。因此,航空公司如何降低这部分的资金消耗,对于它本身来说至关重要。

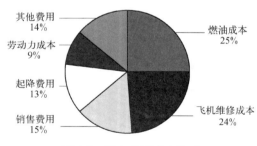

图1.2　航空公司成本构成

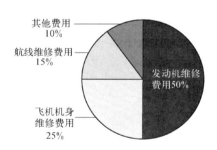

图1.3　飞机维修成本构成

要降低成本,则必然要先分析成本的组成。飞机在使用和维护阶段的经济性评价标准是直接运营成本(direct operation cost,DOC)和间接运营成本(indirect operation cost,IOC)[1]。由于IOC呈现整体非线性变化的不稳定状态,难以定量分析,因此DOC就成为飞机使用维护经济性分析的主要依据。DOC一般包括购机成本、折旧成本、空勤组成本、燃油成本、着陆导航成本和维修成本等六个部分

(图 1.4)[2]。其中，维修成本只占 DOC 的 10%～20%。虽然比例不大，但是维修成本却具有相当重要的地位。因为在占据了绝大多数 DOC 的其他五个成本中，购机成本和折旧成本属于固定成本，是由飞机制造商制定的。同样，燃油成本和着陆导航成本也不受航空公司控制，且对每个航空公司来说，这几项成本一般都是相同的。至于空勤组成本，则受当前人才市场等因素变化的影响。所以从总体来看，这些成本都是航空公司无法控制或难以控制的。只有维修成本，在较大程度上才是航空公司可控的。因此，各航空公司若想降低成本以提高经济效益和竞争力，就需要仔细分析维修成本的组成、影响因素等内容，寻找降低成本的根本方法。

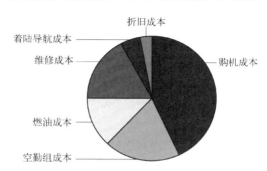

图 1.4 典型 DOC 的组成

国外关于民用飞机维修成本方面的研究最早起始于 20 世纪 40 年代，那时航空界已经逐渐认识到了飞机使用经济性分析的重要性，并开始注重 DOC 方面的研究，DMC 作为 DOC 的重要组成部分也开始引起人们的注意。从 20 世纪 90 年代初开始，航空界越发注意到控制 DMC 是航空公司提高效益的重要途径。为了使客户满意，为了赢得市场，飞机、发动机制造商纷纷启动了 DMC 方面的专项研究。出于利益的驱动，许多航空公司也开始了 DMC 方面的探索。与此同时，DMC 问题也引起了学术界的兴趣，开始了关于 DMC 分析和控制问题的理论方法的研究，也取得了很大的成效。最具代表性的就是波音公司建立的 ATA 方法，开发了一套预测 DOC 的软件系统——OPCOST。空客公司非常注重在飞机的全生命期内控制维修成本，他们成立了专门从事维修成本方面研究的小组——The Maintenance Economics Team。该小组不但负责新机的维修成本预测和控制，也负责老机型的维修成本数据收集和分析。空客公司内部有一套完整的维修成本控制流程和分析方法。

国内对维修成本的研究起步较晚，近年来随着中国民用飞机制造业的兴起开始重视对飞机维修成本的研究工作。20 世纪 80 年代，国内飞机制造业也开始认识到飞机经济性分析的重要性，并展开了一些 DOC 方面的研究，也取得了一些成果，但跟国外航空发达国家相比，还有较大的差距。国内对于如何从整体上把握 DMC 问题还没有一个成熟的概念，对于如何从飞机全生命的角度考虑 DMC 的分析与控制问题也没有一套成熟的方法。另外，目前我国自主研制的民用飞机型号较少，且未形成系列化，对维修成本数据的收集和整理工作起步也较晚。

本书就是以国内民航实际情况为背景针对飞机全生命周期 DMC 的分析与控制问题进行展开研究，提出民用飞机 DMC 分析与控制的流程方法。

第 2 章　基本概念

2.1　民用飞机维修成本

2.1.1　维修成本

根据世界航空技术操作词语汇编（World Airline Technical Operations Glossary，WATOG）国际标准，民用飞机维修成本的定义如下：维修成本由直接维修成本（direct maintenance cost，DMC）与间接维修成本（indirect maintenance cost，IMC）组成。其中，DMC 指的是在完成飞机或设备维修所需的工作中直接花费的人工时间和材料的费用。IMC 指的是在维修管理业务、航线航站维修保养、行政管理、记录管理、监督检查、工艺装备、检测设备、维修设施等方面花费的间接费用。

维修成本中，影响 IMC 的主要因素是运营商提供的保障水平，包括维修能力、库存备件和员工水平。这些因素对于不同的航空公司其表现是不同的，不是航空公司之间的共性，无法进行通用的分析。而 DMC 与飞机的研制水平和维修设计水平息息相关，且可控的程度较大。因此，维修成本分析主要针对 DMC，并把 IMC 看做 DMC 的倍数，根据航空公司管理水平的不同，其差异也较大，图 2.1 所示为某一个典型情况的示意图[3]。

2.1.2　维修成本的影响因素

影响民用飞机维修成本的因素很多，概括起来主要有飞机本身的因素、飞机维修的因素、飞机使用的因素和航空公司管理水平的因素四个方面，如图 2.2 所示。

1. 飞机本身的因素

有研究表明，民用飞机 70% 的维修成本是在研制阶段决定

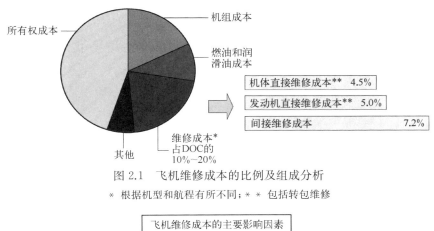

图 2.1 飞机维修成本的比例及组成分析

＊ 根据机型和航程有所不同；＊＊ 包括转包维修

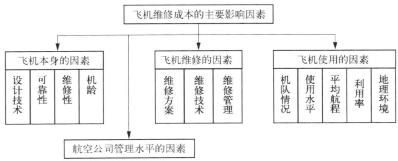

图 2.2 维修成本的主要影响因素

的[4]。研制过程中,不同的飞机制造者具有不同的技术背景,优秀的飞机制造者往往根据先前的经验和教训在新型飞机中采用新材料、新工艺和新技术,这必然带来不同飞机之间维修成本的不同。保证飞机固有可靠性是维修的重要目标之一,不同的可靠性代表着将来不同的维修间隔和维修任务,这将引起不同的可靠性水平,也将花费不同的维修成本。维修性代表着飞机故障之后的可修复能力,它直接影响着维修工作的开展和维修任务的完成,固有维修性好的飞机必然大大降低维修成本。机龄也是一个重要因素。随着飞机的老龄化,机体的各类损伤尤其是结构损伤和腐蚀会加剧,这势必造成维修成本的增加,如图 2.3 所示。

2. 飞机维修的因素

为了更好地实施维修,飞机制造商必须向航空公司提供维修大纲、维修计划文件以及通用工卡等,这些文件将详细说明一般情况下飞机需要进行哪些维修、什么时候维修和怎样维修。航空公司也会根据它们制定符合自身情况的维修方案,其中将明确规定不同维修项目的维修间隔和维修任务,它的合理性将直接影响着维修成本的高低。过长的维修间隔可能导致不能及时发现飞机系统和结构上的缺陷,从而使缺陷演变成超标的坏损和失效,造成修理成本大幅上升;过短的维修间

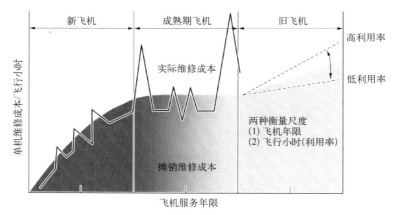

图 2.3　维修成本变化趋势图(后附彩图)

隔会使检修的人工成本上升。然而,不同的航空公司具有不同的维修技术人员、维修设施条件和航站维修能力。即使同样使用条件下同样飞机的相同维修方案,让不同维修人员实施维修,效果也是不一样的,有的可能时间很长,有的可能时间很短,这必然引起维修成本的差异。并且,有的航空公司没有足够的维修条件和维修能力,只能进行转包维修,在转包过程中,哪些项目转包,转包给谁,都会带来不同的维修成本。

3. 飞机使用的因素

机队的结构和规模对维修成本影响很大。具体来说,如果在机队中有更多相同或相近的机型,那么飞机间的通用性就加强了,维修人员不需要过多的培训,维修技术会越来越熟练,在设备、人员管理方面也不需要更多的投入,而且器材库存的周转会更容易控制。飞行人员的使用水平对维修成本的影响也是不能忽视的。例如,正确地使用减推力起飞能够有效地延长发动机使用时间,良好的着陆技术以及有效使用反推和跑道长度等因素都会延长轮胎/轮子/刹车的使用生命,从而降低维修成本。平均航程和利用率是经常提到的维修成本影响因素。飞机利用率越高,DMC 就越低,因为每日、每周规定的检查项目相对减少了,时间周期拉长了[5]。如果平均航段时间大大低于飞机设计的经济航程,随着平均航段飞行小时的降低,DMC 会急剧增加。

地理环境对维修成本的影响也不小。以发动机为例,长期处于潮湿环境会使铝合金叶片韧性降低,改变间隙特性并使金属颗粒与基体之间的界面变脆,扩大裂纹增长率,从而降低生命,增加维修成本;空气中的盐粒、灰尘及污染物都能降低发动机性能,缩短发动机的在翼时间。

飞机运行中产生的 DMC 可以分为两种:一种是与飞机起落相关的成本,如起落架、制动装置、襟翼系统的维修成本,称为循环性成本(CC);另一种是与飞行小时数有关的成本,如小时使用消耗、定期零部件的更换等,称为小时性成本(HC)。

如果 CC 和 HC 都统一到每飞行小时为单位,则形成一条如式(2-1)所示的双曲线[3]:

$$DMC = HC + \frac{CC}{T} \qquad (2-1)$$

其中,DMC 指每飞行小时直接维修成本;T 指平均航段时间,单位为飞行小时。

总之,飞机本身、飞机维修以及飞机使用这三方面对维修成本的影响都非常大。维修成本的产生是依赖于飞机这一载体的,飞机制造方通过设计和制造使维修成本成为飞机的一种固有属性,综合体现了飞机的维修性和经济性;维修成本又是通过维修活动表现出来的,通过不同的维修大纲、维修计划文件和工卡等来规范维修活动可以获得表现形式不同的维修成本;而维修成本与实际条件和实际环境下的使用又是息息相关的,使维修成本在固有属性和表现形式的基础上又具有了一种使用属性。因此,飞机本身、飞机维修和飞机使用这些影响因素就是维修成本固有属性、表现形式和使用属性的具体体现。这些具体的体现为控制维修成本提供了可能的途径,同时因为涉及了飞机从设计到使用的全生命过程,所以维修成本的控制与分析成为一个贯穿全生命的过程,并且需要飞机制造方和使用方的长期共同努力。

4. 航空公司管理水平的因素

航空公司的管理水平决定了其对人力资源、飞机资源以及设备资源的利用率,这使得航空公司必须建立一套严格有效的控制管理机制,最大限度地提高对以上三种资源的利用率。通过科学计算,使飞机的非服务时间达到最小,即尽量缩短飞机在地面停放的时间,最大化飞机的利用率能帮助降低维修成本。还应优化人力资源,提高人员办事效率,建立有效用工激励机制,减少不必要的高人工成本。对于维修工具,应最大化其利用率,尽量不重复购买、闲置工具。

2.1.3 直接维修成本

维修成本分为 DMC 和 IMC,而 DMC 可以再细分。依据不同的标准,有两种划分方法。分别是按照维修级别划分和按照飞机系统划分。

飞机 DMC 是在完成飞机的维修过程中直接花费的材料费和人工费,而不包括那些在维修管理业务、航线航站维修保养、行政管理、记录管理、监督检查、工艺装备、检测设备、维修设施等方面的间接维修劳力和器材费用。它由机体的维修成本和动力装置的维修成本组成,其中机体的维修成本和动力装置的维修成本又分别包括人工工时费和材料费。DMC 的单位有美元/航次、美元/座公里和美元/飞行小时等。

1. 按维修级别划分 DMC

维修成本产生于维修活动,因此不同的维修活动也对应着不同的维修成本。按照维修级别的不同,维修活动可以划分为原位维修(on-aircraft maintenance)和离位维修(off-aircraft maintenance)。因此其产生的成本就分为原位维修成本和离位维修成本。同时,原位维修又可具体分为航线检、A/C 检、定检和其他维修;离位维修的工作内容也主要包括部附件和发动机的修理。因此,维修成本又可相应地具体分类下去。值得注意的是,在维修过程中也必然会因为一些附加活动诸如清洁和喷漆、航材存储和运输等,产生相应的费用。但是这些费用并不能归结到 DMC 中,而是作为 IMC 来计算的。因此本书在分析维修成本时不考虑这些费用。

按照维修级别,DMC 可以分为原位维修成本和离位维修成本。原位维修是指计划性维修中的一般目视检查、详细目视检查以及对时控件和发生故障的零部件所进行的测试、拆卸、更换和修理等维修工作。原位维修成本包括航线维修成本、A 检维修成本、C 检维修成本、结构检维修成本和其他定检维修成本。离位维修是指在车间内,对零部件或发动机进行的测试、修理和翻修工作。离位维修成本包括部附件修理成本和发动机修理成本。通常也有习惯将原位维修成本和部附件修理成本合起来称为机体维修成本,进而将 DMC 分为机体维修成本和发动机维修成本两部分。

2. 按飞机系统划分 DMC

飞机的维修活动都是针对飞机的不同系统和部位,因此若是按照维修活动针对的系统(即 ATA 章节)的不同,也可以相应地划分 DMC,如表 2.1 所示。在 ATA 章节中,主要将飞机系统分为机体系统与动力装置系统。其中,第 5 章、21～57 章归为机体系统维修成本(airframe maintenance cost),71～80 章归为动力装置系统维修成本(powerplant maintenance cost)。同时,无论机体维修成本还是动力装置维修成本都包括与之有关的原位维修成本和离位维修成本,这些成本又分别由人工时费和材料费组成。值得注意的是,第 5 章中的维修检查费用主要包括与机体航线维修有关的费用,而第 50 章的标准施工费用主要包括结构检查中无法归集到某个章节的维修费用。

表 2.1　B733CL 型飞机 DMC 统计表　　　　单位：美元/飞行小时

章节	项　　目	系 统 人 工 时 费			系 统 材 料 费			系统
		原位	离位	合计	原位	离位	合计	
5	维修检查	6.960	0.000	6.690	1.979	0.000	1.979	8.939
21	空调	0.227	4.647	4.874	1.212	2.424	3.636	8.510
22	自动飞行	0.043	3.996	4.039	0.517	2.583	3.099	7.138
23	通信	0.205	2.929	3.134	0.172	0.172	0.344	3.478
24	电源	0.115	2.435	2.550	2.400	4.801	7.201	9.751

续　表

章节	项　目	系统人工时费			系统材料费			系 统
		原位	离位	合计	原位	离位	合计	
25	内饰/设备	1.142	19.160	20.302	1.707	0.845	2.561	22.863
26	防火	0.047	0.417	0.464	0.271	0.014	0.285	0.749
27	飞行操纵	0.671	7.966	8.637	2.641	5.281	7.922	16.559
28	燃油	0.154	1.134	1.288	0.188	0.063	0.251	1.539
29	液压	0.308	1.853	2.161	0.255	0.085	0.340	2.501
30	防冰/防雨	0.077	0.914	0.991	0.506	0.337	0.843	1.834
31	指示/记录	0.098	0.971	1.069	0.367	0.024	0.391	1.460
32	起落架	0.359	11.992	12.351	12.534	14.745	27.279	39.630
33	灯光	0.453	3.185	3.638	0.255	0.426	0.681	4.319
34	导航	0.175	11.549	11.724	0.316	2.693	3.009	14.733
35	氧气	0.064	1.240	1.304	0.236	0.393	0.628	1.932
36	气源	0.115	0.780	0.895	0.950	0.317	1.267	2.162
38	水和废水	0.064	0.490	0.554	0.068	0.258	0.326	0.880
49	APU	0.103	5.135	5.238	1.136	7.577	8.713	13.951
50	标准施工/结构	3.853	0.000	3.853	0.000	0.000	0.000	3.853
52	舱门	0.693	3.815	4.508	0.068	0.709	0.777	5.285
53	机身	3.291	0.000	3.291	2.042	0.000	2.042	5.333
54	短舱/吊舱	0.657	0.000	0.657	0.730	0.000	0.730	1.387
55	安定面	0.436	1.277	1.713	0.068	0.302	0.370	2.083
56	窗	0.960	0.000	0.960	4.280	0.000	4.280	5.240
57	机翼	1.206	3.822	5.028	0.068	1.071	1.139	6.167
机身系统（5～57 章）		22.560	89.876	112.436	35.010	45.214	80.224	192.660
发动机（71～80 章）		1.440	33.631	35.070	2.000	108.269	110.269	145.340
整机（5～80 章）		24.000	123.507	147.506	37.010	153.483	190.493	338.000

两种 DMC 划分方法之间的关系如表 2.2 所示。

表 2.2　两种 DMC 划分方法之间的联系

机体系统 （5～57 章）	航线维修（机体）	原位	人工时	所有机体系统原位人工时
	A 检（机体）			
	C 检（机体）	离位	材　料	所有机体系统原位维修材料费
	结构检			
	其他定检（机体）*			
			人工时	所有机体系统离位人工时
	部附件修理（机体）		材　料	所有系统离位维修材料费

续　表

发动机 系统 (71~80章)	航线维修（发动机）	原位	人工时	所有发动机系统原位人工时
	A检（发动机）			
	C检（发动机）		材　料	所有发动机系统原位维修材料费
	其他定检（发动机）*			
	部附件修理（发动机）	离位	人工时	所有发动机系统离位人工时
	发动机修理		材　料	所有发动机系统离位维修材料费

*其他定检是指那些不放在A检、C检或结构检中，单独进行时间控制（日历时间\飞行小时\飞行循环）的维修工作

维修成本的产生离不开维修活动的进行，且维修活动的安排合理与否对维修成本也有极大的影响。机务维修一直都是航空公司的重点花钱对象之一，其费用已经占到了航空公司总成本的15%。另据资料统计，国内飞机维修的费用在同等条件下比国外航空公司要高出2~3倍。

根据前面介绍，机体维修成本有四个组成部分，分别是航线检维修成本、定检维修成本、其他维修成本和部附件维修成本。这四个部分各有特点，在评估时需根据其具体条件选取合适的评估方法。

2.2　机体维修成本

按照维修级别可以将机体DMC分为航线DMC和定检DMC。而航线DMC又可分为航前、过站、航后，每一个维修活动又有计划和非计划维修之分，然后还能细分到有拆卸的航线DMC和无拆卸航线的航线DMC，最终落实到每一个维修活动所花费的人工费和所消耗的材料费。同样地，定检DMC可以分为A检、C检和结构检，每个维修活动又有计划和非计划维修之分，然后还能细分到定检送修成本和修复性维修活动成本，如图2.4所示。

2.3　发动机维修成本

2.3.1　民用航空发动机维修工作简介

发动机维修工作根据其不同的内容可分为如下几类。

（1）航线维修：航空发动机在航线作业环境下进行的维修工作。由航行前维护、航行后维护和过站（短停）维护组成。航行前维护是指在飞机执行每次的飞行任务前，维修人员对其做的相关维护工作。航行后维护是指在飞机完成飞行任务，维修人员对其做出的维护工作。过站（短停）维护是指在飞机完成上一个飞行任务

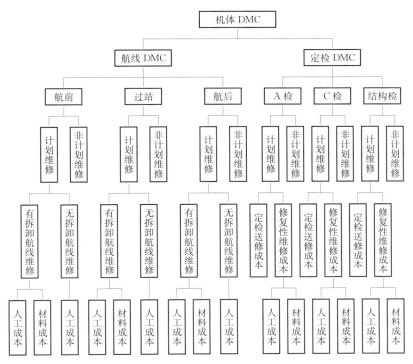

图 2.4 机体 DMC 构成

与索要执行的下一个飞行任务之间,在机场短停的时候维修人员对其做出的维护工作。过站维护主要是确保飞机符合安全标准,使其能够满足下一次的飞行任务。

(2)定期检修:也称为高级维修工作,是指发动机在经过一些固定的飞行时间之后,发动机可能会发生一些不良状况,诸如部件的磨损、接头的松动、管路的腐蚀以及滑油和液压油的严重渗漏和变质等现象。因此,在经过一定的飞行时间后,航空公司就要对其做出必要的检查与维护工作,发现存在的各种问题并将之排除,使其恢复到原有的或者满足适航要求的可靠性。

(3)返厂大修:在经过长时间的飞行任务之后,发动机的一些性能及状态会持续下降,已经达不到安全标准。因此需要将其送到发动机厂商处进行较大的维护和翻修工作,使其达到原有的可靠性。

2.3.2 航空发动机维修成本的构成

对发动机维修成本进行相关研究、预测与分析时,应该先对其构成有一个明确的认识,对航空发动机维修成本进行分解和细化,得到其各组成部分。

航空发动机维修成本的划分是将发动机的维修费用依照特定的要求和标准,

分解到每个独立的单元,方便工作人员对维修费用进行评估与分析。虽然每个航空公司最终的目的有所不同,没有统一的维修费用分解模式,但是划分费用单元的基本要求都满足以下几点。

(1) 费用单元需要反映出应有的费用,不要重复,也不要遗漏。

(2) 对于每个划分后的费用单元,需要给出其定义并且需要和易混淆的相关费用划清界限,还需要与航空公司的资金管理项目的标准协调一致。

(3) 费用分解的最基本要求是方便工作人员对成本的评估与分析。

为了便于维修成本的分析、控制与管理,民航发动机的维修成本可按图 2.5 进行划分。

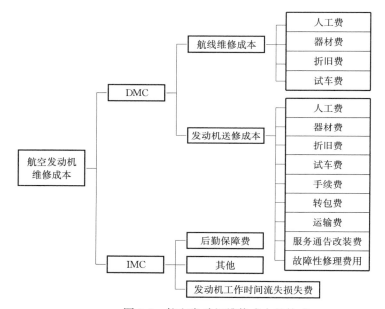

图 2.5　航空发动机维修成本的构成

在图 2.5 中,将发动机的维修成本按照 DMC 和 IMC 两大项进行了划分。DMC 是发动机在进行维护和修理时,能够直接将维修费用进行计算的对象费用。IMC 是指这些维修成本产生过程中,不能或不便于直接将其计入某一成本计算对象,而需要经过一定的时间积累与归纳,达到一定标准后再计入成本对象中。DMC 是航空发动机维修成本中的重要成员,它主要由航线维修成本和发动机送修成本两大项构成。航线维修是指在发现发动机故障后,航空公司能够在航线直接处理的维修。目前,国内的航线维修通常只进行单元体的更换。航线维修成本主要由所需更换的航材费用和进行相关维护工作的人力成本构成。因此航线维修一般包括人工费、器材费、折旧费和试车费。

送修即将发动机送到维修厂商处进行维修。通常是在发动机自身出现的故障超过了航空公司所能维修的范围时发生的。发动机送修可分为常规维修和发动机大修。送修成本是指发动机在送往维修厂商处进行修理时所需要支付的一些费用,包括发动机维修中所需的航材、设备、人力费、手续费、转包和运输费以及试车费等。

发动机的 IMC 是指由于发动机维修导致的间接产生的费用,包括发动机在翼使用时间减少给航空公司带来的损失费用、设备管理产生的费用、航材储备管理费、维修人员的薪金福利以及航班延误的赔偿费用等。

第3章 民用飞机 DMC 基本业务规则

3.1 概述

面向维修成本的民用飞机设计目标是让飞机投入商业运营后能够以最低的维修成本获得最大的可用度,而可用度通常是故障率(可靠性)与故障修复时间(维修性)的函数[6]。因此维修工作须在限定的时间内以最低的成本完成,并且维修工作不可对飞机性能或安全性产生不利影响。为满足飞机正常运营需求,飞机各系统须具备较高的可靠性,而简单的接近形式可为飞机系统维修带来经济性优势。因此,总体来说高水准的飞机设计是在保持性能与安全性的前提下,以经济性为基础的维修性与可靠性之间的权衡[7]。

通常情况下,民用飞机的经济性可从购置成本、管理成本、设施成本、备件成本、人工成本、培训成本、耗材成本、工具成本、保险成本、航班的延误、取消及停飞成本等方面来考虑。DMC 是民用飞机经济性的重要考量指标之一,按照分类方法不同,它可分为计划与非计划维修成本、人工成本与材料成本、原位维修与离位维修成本以及机体与发动机维修成本等多种类型。DMC 不包括维修管理、航线航站维修保养、行政管理、记录管理、监督检查、工艺装备、检测设备、维修设施等方面的间接维修人工时和材料费用。为简化分析过程,DMC 通常以"美元/飞行小时"为单位进行计算[8]。

对客户来说,在选择机型时,DMC 是一项重要的决策指标,是飞机不同型号间经济性优劣的重要体现。DMC 分析以可靠性、维修性及经济性数据为基础,是定量分析过程。通过 DMC 分析,可找出飞机设计在维修性与可靠性方面存在的薄弱环节,通过切实有效的改进措施进行设计优化,从而有效控制维修成本,提升飞机的竞争力。

3.2　维修任务与等级

3.2.1　维修任务

维修任务可简单地分为计划维修任务及非计划维修任务,可以通过对计划维修任务及非计划维修任务的优化来降低 DMC[9-12]。

1）勤务

勤务工作指消耗品的补充及废物的处置,以保持飞机处于运营状态。勤务工作范畴较广,包括燃油供给、客舱清洁、厨房供给等。虽然勤务工作与维修工作基本同时开展,但勤务工作通常由非维修人员执行。勤务工作产生的成本不计入 DMC。

2）计划维修

在限定的间隔时间内,通过系统的检查、检测、更换耗损产品,调整、校正和清洗等工作,使产品恢复到满意的状态所进行的维修。

由于计划维修任务会产生一定的人工、航材、耗材及地面设备成本,因此在进行产品设计时尽量避免引入计划维修任务。计划维修任务的目的是保持某个项目的运行状态,通过周期性的检查、检测、更换、校准、清洁等手段,预防故障发生。如果无法避免计划维修任务的产生,则须考虑降低任务的频次,并使用 MSG‐3 分析方法来定义合理有效的维修间隔。为保证飞机固有的安全性与可靠性,计划维修任务须能有效检查出各类故障或退化情况。

计划维修任务所产生的维修成本高低取决于任务的复杂程度。计划维修任务的间隔不是一成不变的,通常可通过设计改进及运营数据分析来延长维修间隔。

运营人对计划维修任务通常按照字母检查(letter check)或者阶段检查(phase check)来进行控制。短间隔的维修任务(如航线检查)包括对轮胎、刹车的检查,对液体泄漏的检查,蓄压器勤务,起落架减震支柱检查,迎角传感器检查等。较长间隔的维修任务(如 A 检或多 A 检)包括对起落架、发动机、舵面、油量的检查等。长间隔的维修任务(如 C 检或多 C 检)包括内饰翻新、发动机孔探、腐蚀防控、飞控舵面详细检查等。结构检查任务(通常在 D 检执行)需要进行大量的接近工作,包括内饰板、座椅、行李架、厨房、厕所等的拆除,大型部件的支撑结构可能需要拆除该部件才能进行检查,结构检查亦可能会引入结构件的加强甚至更换工作。

3）非计划维修

非计划维修是指在空勤人员或地勤人员发现故障后,通过更换或修理等措施将飞机恢复至运营状态。系统部件的故障可以通过提升可靠性降低发生的频次,但是故障通常难以消除。当部件故障对飞机运行安全没有不利影响时,该部件故障可以是允许的。部件的可靠性及维修性特征对非计划维修成本有十分重要的影响。

4）维修保留

对运营人来说，不同的维修设施或设备决定了其不同的维修能力。如果故障发生在运营人不具备维修能力或维修能力不足的地点，在故障可保留的情况下（依据最低设备清单），运营人通常更愿意将故障推迟至其具备维修能力的地点进行修复。

由于飞机的冗余设计特性，很多故障发生后可以延后维修，即可进行保留。冗余设计可提升飞机的签派可靠性以及系统级的平均故障间隔时间（MTBF）。但是冗余设计通常会增加设备数量，使系统本身变得更为复杂。通常冗余度越高，制造及维修成本越高。考虑到设备冗余带来的影响，飞机设计时应综合权衡签派可靠性、平均故障间隔时间、维修成本及安全性，以确定最佳的冗余度水平。

3.2.2　维修等级

在产品设计时，应将维修级别纳入考虑范畴，结构、系统或部附件应尽量在可接受的最低维修级别进行维修。通常情况下维修等级分为以下三级。

1）1级——由运营人使用有限的设备或设施完成

运营人使用非常有限的设施进行维修，此级别的任务无需使用专用的诊断设备，专用的工具或测量设备，通过简单的目视检查、操作或功能检查即可完成确认。

2）2级——由修理机构完成

由适航管理当局授权的维修机构进行的维修，常用的维修设施须可用，缺乏部分专用工具及测试设备。这些专用工具或测试设备通常是由于能力欠缺或采购成本与使用频次不匹配而不进行配置。

3）3级——由供应商或其授权机构完成

需要将部件返回给供应商或其授权机构进行的维修，该级别维修所需的工装设备、人员要求等超出了2级的范围。

当设备需要返回给设备的供应商（或其授权机构）时，供应商通常应说明在此级别维修的必要性，并给出完成修复所需要的最长时间（周转时间）。该时间指的是供应商或其授权机构从收到故障件至将可用件返回至运营人所经历的时间。

3.3　面向维修成本的设计考虑

DMC评估与可靠性评估、维修性评估及安全性评估同时开展，DMC是飞机设计、开发与取证阶段重要的技术指标之一。在飞机设计过程中，要想体现出在维修成本方面的先进性,须综合考虑故障隔离、可达性、标准化设计、模块化设计、冗余设计、可修理性、可测试性等多个方面,即产品的维修性设计、人为因素考虑及可靠性设计等,如图 3.1 所示。

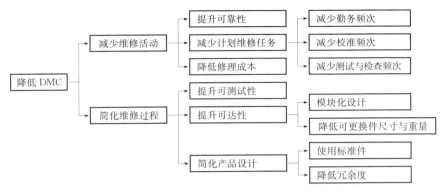

图 3.1　DMC 设计目标实现手段

3.3.1　维修工时因素

维护或修理所需的人工时是重要的成本因素,对于维护、修理时间影响,设计时须着重考虑以下方面。

(1) 设备安装:允许快速接近,可快速进行测试、勤务、拆装与检查等维修工作。

(2) 产品设计时应尽量允许两个或多个维修人员同时工作,这样可以缩短维修工时,提升签派能力。

(3) 在执行维修任务时,应能够避免拆除或断开其他设备或系统。

(4) 维修工作应尽量与行业基准相似,这样可以简化维修培训工作,并可有效降低人工时。

(5) 设计时应尽量纳入利于维修工作的相关设计特点,如便于电路板更换的内置机械手柄等。

(6) 部附件的拆装须在最低可接受维修级别上进行,高价值部件不可因为低价值子部件的故障而报废,长生命部件不可因为短生命子部件故障而报废。

3.3.2　备件因素

产品设计时,备件是十分重要的考虑因素之一。一是由于民用飞机备件采购价格高,二是备件的存储、过时处理、退化、检查等储备成本高。所以在进行产品设计时要综合考虑更换频次、修理周转时间、部件价格、模块化、使用生命、签派要求、测试性及通用性等备件因素。

3.3.3　排故因素

正确对系统进行排故,准确定位故障部件所需的时间,对飞机停场时间及维修成本有着十分重要的影响。故障隔离所需的时间应通过设计专业间的配合得到定量控制。设备的设计应允许迅速简单地将故障隔离至故障部件,以降低无故障发现率(NFF)。

故障隔离时间须与设备的修理频次保持一致,即维修频次高的项目所需的故障隔离时间应低于维修频次低的项目。

机组关注信息与维修人员关注信息之间是有区别的,例如,某些功能丧失对飞行机组重要,而哪个 LRU(航线可更换单元)故障或如何进行修理对维修人员来说更重要。

在飞机运行各阶段,电子或机械故障通过各种形式进行反馈,这些反馈形式也可理解为电子或机械故障的探测方法,如磨损指示、灯光/音响指示、发动机指示与机组告警系统(EICAS)信息、机载维修系统信息(OMS)等。故障反馈形式通常分为以下两类。

(1) 自动反馈,即飞机系统自动反馈,无须任何人工干预。

(2) 人工干预反馈,即需要通过人工干预才能探测到故障。例如,作动器泄漏需要维修人员检查才能发现。

故障指示可告知机组人员某个功能已丧失或降级。对维修人员来说,故障指示应尽可能地告知维修人员可能故障的部件,而不是简单的某个功能丧失。这样维修人员可以决策应该更换哪个部件以排除故障。

3.3.4　地面支持设备因素

在飞机设计过程中,要尽量避免引入专用的工作或设备。专用地面设备的使用可减少维修时间,提升排故效率,但会带来以下不利影响:

(1) 地面支持设备(GSE)在维修现场不一定可用,而且价格昂贵;

(2) 专用 GSE 通常仅适用于某一特定机型;

(3) 地面支持设备通常非机载设备,因此运营人需将设备存储在各维修基地。

3.3.5　冗余设计因素

考虑到设备冗余带来的影响,飞机设计时应综合权衡签派可靠性、平均故障间隔时间、维修成本及安全性,以确定最佳的冗余度水平。冗余度越高,制造与维修成本越高。因此,当冗余与否对安全性没有影响时,需将以下因素纳入考虑范畴,以确定是否有必要进行冗余设计:

(1) 高冗余度的优点是签派可靠性高;

(2) 高冗余度的缺点是制造成本高、重量增加、油耗增加、系统复杂性高、故障定位复杂、维修成本高。

3.4　DMC 分析与控制流程

3.4.1　DMC 工作内容介绍

DMC 是飞机、系统及部件在设计时的定量目标与要求。DMC 需通过市场与销售、可靠性、维修性、安全性、采购及设计等多专业合作来实现控制与监控,进而满足设计目标与要求。对于新研制飞机,在项目初期,成本通常按照 ATA 章节或系统进行分配,并随着研制工作的开展逐步细化至部件级别。对于交付运营后的设计更改,成本目标通常使用基于现有设计的降低百分比来表示。在进行维修成本预计时,设计人员应说明不同设计方案间的技术差异,维修工程师应能够识别出不同设计方案间维修成本的差异。

DMC 分析是基于产品设计的不断更新、细化以及运营数据采集的长期迭代的工作过程。为提升飞机的市场竞争力,直接维修成本在全生命周期需要进行监控与优化。在飞机投入运营后,需要对飞机设计的各项参数进行评估,以判断是否满足设计目标与要求,并为未来机型的研制建立基准。图 3.2 给出了飞机全生命周期内典型的 DMC 工作点。

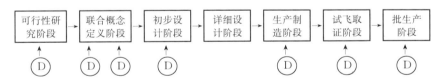

图 3.2　DMC 工作在全生命周期典型分布点

在可行性研究阶段,须依据市场要求、客户需求、对标机型或竞争机型直接维修成本数据、初步或总体设计方案、其他相关设计指标等,确定直接维修成本目标值,并将 DMC 目标值纳入设计目标与要求。

在联合概念定义阶段,须依据对标机型或竞争机型直接维修成本数据、初步或总体设计方案,将 DMC 目标值初步分配至 ATA 章节或工作包层级,确定 ATA 或工作包层级的设计要求。在设计进入下一阶段时,需确认整机 DMC 及各系统或工作包 DMC 状态是否满足要求。

初步设计阶段是飞机 DMC 把控的关键阶段,须基于飞机工程与设计的输入,详细、深入地对 DMC 进行分析与控制,确保 DMC 满足设计目标与要求。

在生产制造阶段及试飞取证阶段,须依据可靠性分析数据、备件信息、技术出版物数据等不断完善 DMC 数据。

在批生产阶段,须通过持续的飞机在役数据搜集与分析,解决服役过程中的 DMC 问题,不断优化改进 DMC,以确保市场竞争性。

3.4.2　DMC 分析与控制主要工作流程

DMC 的分析与控制是通过以维修成本为变量进行目标管理来实现的,它包括了对 DMC 本身的分析和对飞机设计、维修、使用的控制。DMC 分析与控制分为目标设定、分配、预计、控制、监控五个部分。

DMC 全生命周期总体工作流程如图 3.3 所示。

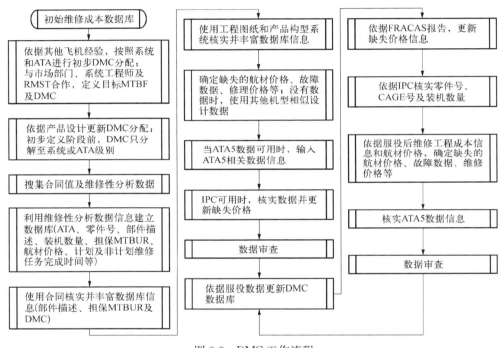

图 3.3　DMC 工作流程

DMC 目标设定与分配工作流程如图 3.4 所示。

对于新研飞机,目标设置与分配工作主要考虑以下几个方面。

(1) 对客户数据进行分析,建立对标机型参数。

(2) 对飞机进行高阶分解,至 ATA、系统、结构或工作分解结构(WBS)级别。

(3) 基于对标机型设立预估目标,建立新研飞机基准参数。例如,材料成本与人工成本比对标机型低 20%。成本目标的设置应与可靠性目标的设置同时开展。当依据对标机型设立目标后,所有系统或 ATA 章节都可下调相同的比例,形成各系统目标。同样的,所有部件的维修成本目标亦可下调相同比例,形成部件维修成本目标。

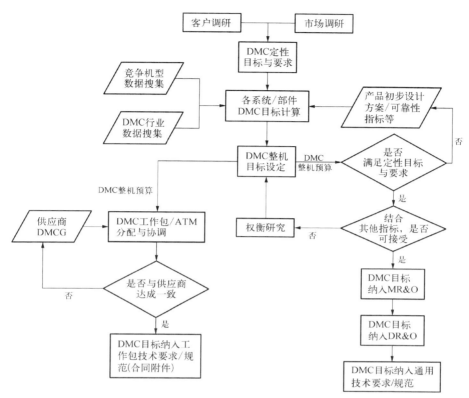

图 3.4　DMC 目标设定与分配工作流程

（4）基于对标机型设立初步目标后，即可对新研飞机的设计方案进行成本评估，进一步判断 DMC 目标是否能够实现。如果能够实现，经过多轮次评估迭代，确定最终合理的数值。

（5）建立最终目标值后，将该目标值分配至各系统或工作包。当某系统或工作包的设计不能满足其目标时，该系统或工作包的剩余目标须被其他系统或工作包吸收，以确保飞机级目标满足要求。

（6）针对与对标机型设计方案相差较大的新设计方案，都需要对维修人工时、材料成本及其他成本进行详细分析，综合考虑故障隔离、可达性、标准化、模块化、冗余度、可修理性、测试性等方面。新式的民用飞机设计通常原位维修成本较低，大部分成本集中在离位维修上，为能在离位维修成本上实现较好竞争性，所有系统或工作包的 DMC 目标必须进行深入、详尽的审查，并持续监控。

（7）新的设计方案可能会导致成本的重新分配，随着设计深入，成本的分配与评估须动态、同步进行。

（8）根据是否向原设备生产厂家规定设计目标与要求，按需将 DMC 从系统或工作包级别进一步分解至子系统或 LRU 级别。

（9）为使得 DMC 分析工作更加合理有效，飞机的主制造商应建有包含行业各类预案数据的基准数据库。

成本分配与评估过程属于定量设计技术，目的是让设计目标与要求真正地体现在产品上。维修成本分配前须考虑以下几个方面。

（1）为保证 DMC 分析工作的有效性，DMC 在系统及 LRU 层级的分配工作需要在各级别设计初期就开始执行。

（2）在分配工作执行前，需进行充分的分析与评估。

（3）在逐级分配时，如果在不同运营人之间可能产生较大的维修成本偏差，须考虑不同分配基准。

DMC 预计与控制工作流程如图 3.5 所示。DMC 预计以飞机设计数据、工程数据、备件数据等为基础，利用 DMC 预计方法对维修工程预分析得出的各维修任务执行所需的成本进行计算，并定期比较预计结果与分配值（系统或工作包级）及整机目标（整机级）之间的差异。当预计结果超出分配值或整机目标时，须制订相应的恢复方案与计划，以确保飞机设计满足 DMC 目标与要求。

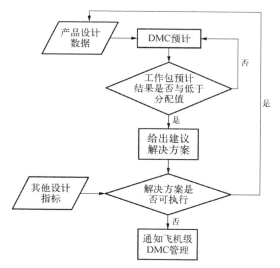

图 3.5　DMC 预计与控制工作流程

以系统工程理论为基础，DMC 隶属于维修需求。该需求需从飞机级逐层向下传递，并在各层级或阶段完成设计后，对所提出的需求进行确认。在实际型号项目研制过程中，该确认工作通常通过关键绩效指标（KPI）的管控来实现。在整个产品设计过程中，DMC 须作为研发设计的关键绩效指标（KPI）进行全面的监控与管理，以确保产品设计的 DMC 属性符合目标与要求，如图 3.6 所示。

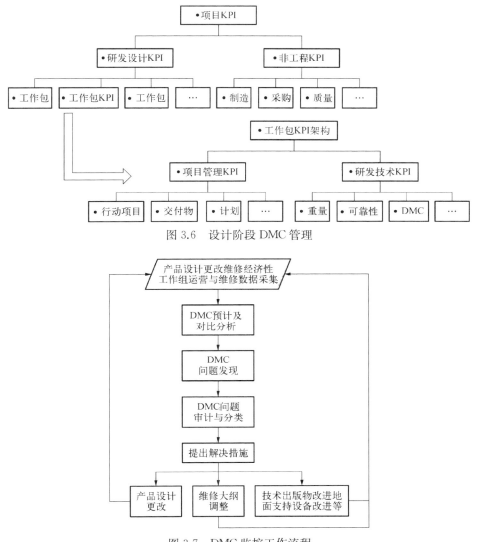

图 3.6　设计阶段 DMC 管理

图 3.7　DMC 监控工作流程

3.4.3　DMC 分析与控制工作相关说明

在产品使用阶段,利用飞机实际的运营数据(如飞机利用率、累积飞行时间、飞行循环次数等)及维修数据(如维修频次、耗材费用、无故障发现率、平均修复时间、航材及耗材费用、送修费用、维修人工时等),对实际运营产生的 DMC 进行监控。通过使用阶段实际产生的 DMC 与研制阶段 DMC 预计结果进行比较,并发现影响 DMC 的关键问题(如可靠性低、维修间隔不合理等问题),通常从部件级别对 DMC 问题进行分类并进行审计,确保使用阶段 DMC 统计结果正确,并能够准确反映飞机使用方面问题。相关问题可能是维修任务方面、操作程序方面、航材价格不合理、产品设计可靠性低、地面设备设计不合理等方面,针对具体影响 DMC 的关键问题,由主机厂给出解决措施,一般通过产品设计更改、调整维修大纲、技术出版物改进、地面设备改进等方面来改善产品的维修经济性。产品改进后再进行数据搜集及监控工作,反复迭代,为用户提供维修经济性好,且有市场竞争力的产品。

通常情况下,主制造商在产品研发过程中须合理地、有规划地定义在全生命周期各阶段主制造商及供应商须完成的具体工作。

1) DMC 构成

DMC 是在飞机维修活动中直接产生的人工时和材料费用。DMC 包括计划维修成本和非计划维修成本,DMC 分解如图 3.8 所示。DMC 不包括在维修管理业务、航线航站维修保养、行政管理、记录管理、监督检查、工艺装备、检测设备、维修设施等方面的间接维修人工时和材料费用。

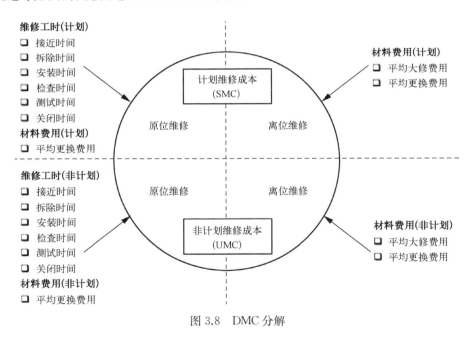

图 3.8　DMC 分解

DMC 往往是针对机队的平均水平,以美元/飞行小时为单位,与材料成本、人工成本、维修频次、装机数量直接相关。"频次"用日历时或飞行循环表示,需要转化为飞行小时。DMC 分析需以可靠性预测、维修大纲、平均修理或返修成本等为输入,并注明对航材价格等所作的任何假设。

维修活动通常分为以下两类。

（1）计划维修成本。

原位计划维修成本，指原位执行相关操作检查、功能检查、校准、更换等所花费的人工和材料成本。

离位计划维修成本，指按计划返回车间或修理机构进行维修所产生的人工和材料成本。

（2）非计划维修成本，包括原位和离位非计划维修成本。

供应商应在建议阶段提供计划维修成本和非计划维修成本的初步分解（包括大修），以说明技术要求文件中的 DMC 担保值的合理性。对于计划维修成本和非计划维修成本，初步分解应至少包括 LRU 描述、零件号、装机数量、工时、材料成本等。

为了更好地管理 DMC，所有系统或 LRU 的 DMC 状态都需独立控制。每个供应商都需要对所供给的 LRU 或者系统进行 DMC 担保。如果只是单个部件的供应商，仅需对 MTBF 及平均修理成本进行担保。

2）维修性分析

维修性分析的目的是审查飞机结构、系统及设备设计在不影响飞机性能及安全性的前提下，能够以最低地面支持设备使用需求、在最少时间内、以最低的价格完成相关的维修任务。

在进行可更换单元更换任务分析、计划或非计划维修任务分析时得到的成本和工时数据可用来计算 DMC，该部分工作依据 S3000L 标准也可称为维修任务分析。故障模式与影响分析（FMEA）用于进行故障率的分析。对于新机型，在研制阶段，至少须完成以下分析工作。

（1）可更换单元更换任务分析。

（2）计划及非计划维修任务分析。

（3）DMC 分析。

供应商须向主制造商提供部件及系统 DMC 担保，所有 DMC 担保以及 DMC 计算方法通常定义在技术要求文件中。主制造商与供应商须在合同签署前对技术要求文件达成一致，技术要求文件通常以合同附件的形式存在。技术要求中规定的 DMC 担保在首架飞机交付运营后开始生效，并在全生命周期内进行监控。如果投入运营后，监控数据显示实际 DMC 超过担保值，须在规定时间内进行纠正。

3）整机维修成本

在 DMC 方面，主制造商的目标是尽量降低整机 DMC，以维持机型的市场竞争性，主制造商通常须向客户担保 DMC 的整机目标值。

为使整机 DMC 受控在目标内，所有结构、系统及部件都需定义相应目标。供应商须向主制造商提供包括结构、系统及部件 DMC 担保，平均修理成本担保，平均大修成本担保。

4）计划维修成本

计划维修成本指在执行计划维修时产生的人工和材料成本。计划维修成本不包括在执行计划维修任务时发现故障后的处理成本。大部分原位计划维修成本仅包括人工时成本，部件大修则是主要的离位维修成本。离位维修成本可由单个数值表示，包括人工成本及材料成本等。

5）非计划维修成本

非计划维修成本包括在失效修复过程中花费的所有人工和材料成本，也包括执行计划维修过程中产生的非例行成本，以成本每飞行小时表示。非计划维修成本也包括原位和离位成本。

通常原位非计划维修成本包括所有 LRU 更换所花费的人工时，亦包括故障诊断及系统测试所花费的时间。当原位修理可行时，非计划维修成本还包括可能产生的材料成本。部件修理通常需在车间或授权修理机构完成，因此离位非计划维修成本须包括车间修理所花费的人工时和材料成本。失效部附件的更换属于非计划原位维修人工成本，部件修理成本属于非计划离位维修成本。

（1）非计划原位维修成本

非计划原位维修成本指非计划维修，包括更换、检查、结构或系统修理以及计划维修过程中对故障或失效的处理等，所花费的人工及材料成本。

（2）非计划离位维修成本

非计划离位维修成本指在车间或修理机构中对部件测试、修理、恢复等所花费的成本。

6）平均修理成本

平均修理成本指非计划维修时，运营人花费在部件修理上的平均人工及材料成本。在产品设计过程中，如果 DMC 担保不可用，部件供应商通常须对部件的平均修理成本进行担保。如果可靠性担保值未达标，为保证 DMC 担保达标，平均修理成本须成比例下调，直至可靠性担保达标。

7）平均大修成本

平均大修成本指部附件计划性大修或恢复时所花费的人工和材料成本。在产品设计过程中，供应商通常需对平均大修成本进行担保。如果担保的计划维修间隔未达标，平均大修成本须成比例下调，直至计划维修间隔担保达标。

3.4.4 其他情况下 DMC 考虑

权衡研究用来评估飞机系统或部件的概念设计是否合理，DMC 是直接运营成本的重要组成部分，而进行权衡研究时须着重考虑新、旧概念设计对直接运营成本的影响。权衡研究不仅仅在初步设计阶段进行，也在详细设计阶段进行。

飞机交付运营后如果发生设计更改，主要通过"服务通告"（SB）告知运营人执行。设计更改通常是对可靠性、重量、燃油效率、维修成本等的改进与优化。DMC 经常用于决策是否将更改落实至在役飞机。

3.5　DMC 分析与控制接口管理

DMC 分析是民用飞机维修工程分析中的一项重要分析活动，是民用飞机产品设计的一项关键指标。研制阶段的 DMC 分析与控制以产品设计数据及其他维修工程分析数据为基础，使用阶段的 DMC 监控以使用数据为基础，最终目的都是在保证安全性与可靠性的前提下，为客户降低维修成本。DMC 分析与控制总体输入输出关系如图 3.9 所示。

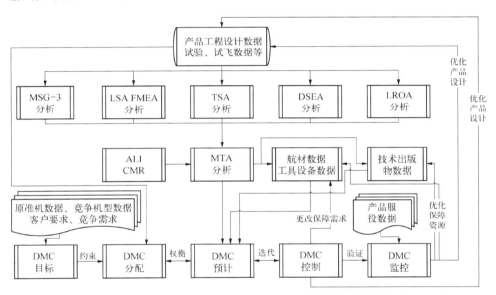

图 3.9　DMC 分析与控制总体输入输出关系示意图

DMC 分析与控制工作主要分为 DMC 目标值确定、DMC 分配、DMC 预计、DMC 控制、DMC 监控几个方面。

DMC 目标值确定要根据机型的设计数据结合客户需求来确定，同时考虑竞争机型的 DMC 目标值，确保新研制机型有足够的市场竞争力。DMC 目标值大小直接反映产品维修经济性，也是 DMC 分配工作的基础约束。DMC 分配工作是在目标值基础上，由上至下进行分解，从整机级别至系统级别或工作包级别，直至部件级别。

DMC 预计工作是以产品设计为基础，以维修任务为中心展开，首先要基于产品工程设计数据来获取飞机的维修任务需求，根据 S3000L 维修任务驱动因素，通常由故障、损伤、特殊事件、间隔、软硬件使用几个方面驱动。可由不同的分析方法得到相关维修任务需求,例如,MSG-3 得到计划性维修任务需求,LSA FMEA 得到修复性维修任务需求,TSA 得到排故需求,DSEA 得到特殊事件的预防性检查需求,LROA 得到后勤相关使用需求,ALI 及 CMR 得到飞机结构及系统的适航限制任务需求。通过 MTA 分析获得任务的维修频次、维修航材及耗材消耗数量、地面设备使用情况等信息。用于支持 DMC 预计工作。DMC 预计工作由下至上展开,通常由部件级别展开,再向系统级别或工作包级别进行预计,最后整机级别进行 DMC 汇总。

产品研制阶段,在各个层级上(部件级别、工作包级别、系统级别、整机级别)DMC 分配值与预计值进行权衡,并通过 DMC 控制进行迭代,找出影响 DMC 的关键问题,并通过更改保障需求和产品设计更改来满足 DMC 分配要求,不断迭代,获取最优的维修经济性。

产品使用阶段,通过产品服役数据采集,对产品使用数据及维修数据进行分析,监控 DMC 值是否满足要求,针对影响 DMC 的关键问题,进行保障资源优化或进行设计更改,获取最优的产品维修经济性。

3.5.1　DMC 目标设置和分配接口

DMC 目标设置和分配是 DMC 分析与控制工作的起点,它与设计或其他工程分析的接口关系如图 3.10 所示。DMC 目标设置和分配以对标机型数据、新研制机型设计方案为基础,与新研制机型可靠性、维修性、测试性、安全性等设计指标互为输入和约束。

DMC 目标值是分配的基础,DMC 分配是以新研制机型设计为基础,参考相似机型维修成本数据,进行对比分析,将整机 DMC 目标值分配值所需要的级别上(如系统级别或工作包级别),DMC 是飞机维修经济性的集中体现,与飞机的可靠性、维修性、测试性分配指标息息相关,在进行 DMC 分配时需要综合考虑各方面因素来进行具体的分配指标计算。在确定系统或工作包 DMC 目标时,在系统或结构设计要求基础上,权衡重量指标、安全性指标,综合权衡后在系统级别或工作包级别确定切实可行的 DMC 分配值。需要注意的是,随着设计的深入,各个系统或工作包级别的 DMC 分配值是可以变化调整的,以满足设计需要,但整机 DMC 目标是不变的。

3.5.2　DMC 预计接口

DMC 预计工作是以维修任务为中心展开的,首先明确哪些维修活动会产生 DMC,安全性分析中的候选审定维修要求(CCMR)给出的是适航限制项目审定维修要求任务;MSG-3 给出的是计划维修任务;LROA 给出的是后勤相关使用任

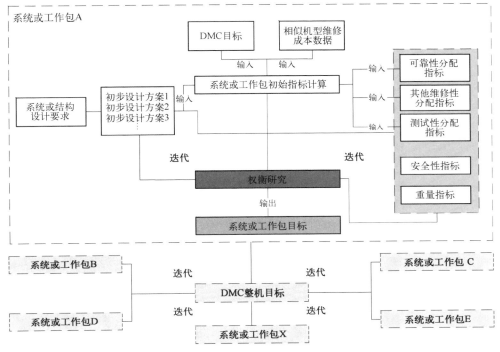

图 3.10　DMC 目标设定与分配接口示意图

务;DSEA 给出的是损伤及特殊事件任务;LSA FMEA 给出的是修复性维修任务;TSA 给出的是排故任务;强度分析主要针对 PSE 给出结构适航限制任务。以上这些任务经过 MTA 分析得到维修任务的频次、维修消耗的材料、维修人工时等信息,结合设计方案、航材清单、出版物图解零件目录(AIPC)及费用参数开展 DMC 预计工作。以上这些为 DMC 预计工作的基础输入。

　　DMC 预计是整个 DMC 分析与控制工作的基础,它与设计及其他工程分析的接口关系如图 3.11 所示。DMC 预计以设计方案为基础,以安全性分析、强度分析、维修工程分析、航材清单、图解零件目录等为输入。DMC 预计的结果直接用于DMC 控制与监控。

3.5.3　DMC 控制接口

　　DMC 控制是在设计阶段将 DMC 分析结果反映在产品设计上的重要手段。DMC 控制工作是通过 DMC 预计结果与 DMC 分配值比较,找出影响维修经济性的关键问题,并综合权衡飞机设计各项指标(如可靠性、维修性、测试性、安全性、重量等指标),给出设计更改方案,不断优化设计,使 DMC 预计结果满足分配要求。DMC 控制与 DMC 分配、DMC 预计以及产品设计的接口关系如图 3.12 所示。

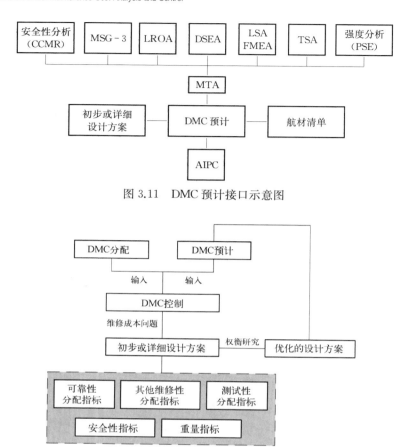

图 3.11　DMC 预计接口示意图

图 3.12　DMC 控制接口示意图

3.5.4　DMC 监控接口

　　DMC 监控是在产品投入使用后，根据产品运营数据及维修数据对 DMC 实际值进行监控，看是否满足设计要求，并逐步优化产品设计及客户服务水平的过程。在产品工程设计方面主要针对产品可靠性、维修性、测试性、结构设计及强度分析、安全性分析等方面进行优化，提高产品的固有的维修经济性属性。同时，客户服务水平也是影响 DMC 的因素，可通过维修方案优化、维修/修理程序优化、担保管理、提高支援效率和机队管理水平来降低产品的维修成本，提高维修经济性。

　　DMC 监控是在产品交付使用后持续优化产品设计、优化客户服务产品、保持产品竞争力的重要途径。DMC 监控与运营/维修数据、工程设计及其他客服产品的接口关系如图 3.13 所示。

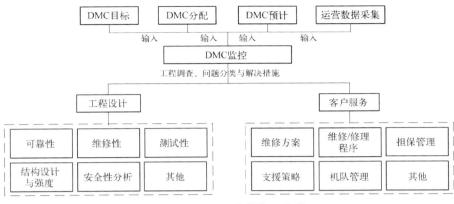

图 3.13　DMC 监控接口管理

3.6　设计要求中的 DMC 要求样例

如 3.2 节所述,DMC 指标须作为研发设计的关键绩效指标进行全面的监控与管理,以确保产品设计的 DMC 属性符合目标与要求。因此,以主制造商-供应商模式为基础,DMC 指标须清晰、明确地纳入总体技术要求及工作包或系统技术要求中。以下是 DMC 在设计要求中的表述样例,仅供参考使用。

样例 1　DMC 表述样例

1) MAINTENANCE COST

a) On-Aircraft Direct Maintenance Labor

The Supplier guarantees that the on-aircraft direct maintenance labor time per flight hour for the complete system or item shall not exceed X. XX man hours per flight hours.

b) Off-Aircraft (Parts and Material) Direct Maintenance Cost

The supplier shall guarantee both a 10 year and mature DMC per flight hour. Supplier guarantees that the DMC per flight hour, based on the aircraft mission utilization spectrum and the specifications of this technical requirement, shall not exceed XX. XX $ per flight hour (10 year), and XX. XX $ per flight hour (mature).

The off aircraft (parts and material) DMC guarantee shall come into force at Entry Into Service (EIS) of the first production aircraft, and shall be applicable for the service life of the aircraft. The Scheduled Maintenance Cost (SMC)

portion of the DMC guarantee is applicable at EIS and throughout the life of the aircraft. The Unscheduled Maintenance Cost (UMC) portion of the DMC guarantee is applicable only when the aircraft is "out-of-warranty" (any unscheduled maintenance cost occurring during the aircraft, or item warranty period, is not chargeable).

The off aircraft (parts and material) DMC guarantee specified in this requirement documents for the system or item is established in year 2XXX U. S. Dollars.

Manufacture shall reserve the right to communicate this cost guarantee to any operator.

The off aircraft (parts and material) DMC cost shall include, without limitation, all of the following system and/or item(s) maintenance expenses:

System and/or item(s) shop labor, facility and material costs (including repairs, overhauls, premature removals, refurbishment, restoration and any other fees that may be included in an invoice, excluding NFFs);

Costs for components as a result of being non-repairable; and

The cost of any additional maintenance or material required on the aircraft to achieve the guaranteed MTBF, failure rates and shop visit rates for the system or item.

The off aircraft (parts and material) DMC guarantee shall be adjusted for flight length based on the influence of flight hours and flight cycles on the system or item.

2) RELIABILITY REQUIREMENTS

The Supplier shall provide reliability, maintainability and safety information in accordance with the technical requirements.

The supplier shall also provide performance guarantees for certain reliability and maintainability requirements as indicated in the specific paragraphs.

a) MEAN TIME BETWEEN FAILURE (MTBF)

The system and specified system components MTBF guidelines are defined in Table XXX, expressed in terms of flight hours. These MTBFs are guaranteed minimum values based on a twelve (12) months rolling average, based on the aircraft family worldwide fleet. These MTBFs are for chargeable events (typically, chargeable events exclude FOD, accidental damage maintenance error and operator error), and assume that supplier recommended component maintenance has been performed.

TABLE　XXX SYSTEM REQUIRED MTBF

ITEM	MTBF per unit
Item 1	XX.XXX
Item 2	XX.XXX
Item 3	XX.XXX
Item 4	XX.XXX
Item 5	XX.XXX

The achievement of the MTBF requirements defined above shall be based on the formulas，definition and guidelines outlined in general technical requirement and as follows：

For the period from initial EIS until the evaluation is achieved，if a failure occurs within the Supplier's system and/or item(s)，the Supplier shall perform a detailed root cause analysis and propose a corrective action.

The achieved MTBF shall be evaluated when the cumulative and twelve (12) month moving average fleet hours/cycles are at least four (4) times the MTBF value specified in the requirements documents.

Supplier guarantees that the system and/or item(s) cumulative and twelve (12) month moving average MTBF shall not be less than that specified in the requirements documents. System and/or item(s) cumulative MTBF value will be used for the first four (4) years after aircraft EIS. Thereafter，a twelve (12) month moving average of MTBF will be used.

Manufacture reserves the right，at any time，to evaluate the system and/or item(s) MTBF value during operation by using WEIBULL distribution. If the MTBF value at ninety percent (90%) lower confidence level shall not be less than that specified in the requirements documents，supplier shall perform a trend analysis and propose a corrective action plan.

Should MTBF values at any level not be achieved，then the Supplier shall undertake corrective action until compliance is achieved.

　○ Achieved MTBF (AMTBF) Formula

In assessing compliance with the MTBF guarantee，Manufacture and Supplier or its subcontractor shall use the cumulative MTBF formula to assess the in-service reliability of the aircraft system and/or item(s).

Item AMTBF = (TFFH * Quantity Per Aircraft)/(Number of Failed

Items within the last 12 months) Where TFFH is Total Fleet Flight Hours (within the last 12 months)

Item Failure Rate or FR = 1/Item AMTBF

Compliance with the MTBF requirements defined herein shall be achieved without any scheduled maintenance (excluding scheduled line maintenance established through the MSG-3 process and engine shop level refurbishment) when operated in accordance with the Supplier's operating instructions.

The achieved MTBF values shall be exchanged between the Supplier and Manufacture on a monthly basis with the rate calculated on a twelve (12) month fleet wide rolling average.

b) MEAN TIME BETWEEN UNSCHEDULED REMOVALS

MTBUR guarantees shall apply only to those sub-systems that include a diagnostic Built In Test Equipment (BITE) capability and those with specific fault isolation procedures.

For such sub-systems, the Supplier shall guarantee an MTBUR not less than 90% of the MTBF, provided the operator has correctly used the BITE to determine which item to remove, and has provided supporting data to that effect.

The achievement of the MTBUR requirement defined above shall be based on the formulas, definition and guidelines outlined in the general technical requirements and as follows:

For the period from initial EIS until the evaluation described in paragraph b) below is achieved, if an unscheduled removal occurs within Supplier's System and/or Item(s), Supplier shall perform a detailed root cause analysis to identify early failure trends or infant mortality and propose a corrective action.

The guaranteed MTBUR shall be evaluated when the cumulative and twelve (12) month moving average fleet hours/cycles are four (4) times the MTBUR value specified in the Requirements Documents.

Supplier guarantees that the System's cumulative and twelve (12) month moving average MTBUR shall not be less than that specified in the requirements documents. System and/or item cumulative MTBUR value will be used for the first four (4) years after aircraft EIS. Thereafter, a twelve (12) month moving average MTBUR will be used.

The achieved MTBUR values shall be exchanged between the Supplier and Manufacture on a monthly basis with the rate calculated on a twelve (12) month fleet wide rolling average.

i. Useful Life

The system shall be designed to operate under the conditions specified in this document for at least XX,XXX flight hours or XX years, whichever occurs later, without structural failures.

Life Limited Components (LLCs), shall be designed and guaranteed for a service life not lower than XX,XXX flight cycles, or XX,XXX flight hours, or XX years, as applicable.

Life limited components of the system shall be minimized.

Any component identified as life limited components shall be listed and appropriate inspection procedures for these components shall be established.

There shall be no requirement to perform any off-aircraft interim inspections on LLC's prior to their declared life limit.

During the Joint Development Phase (JDP), the Supplier shall propose a plan to achieve the LLC design lives, in order to lead the fleet. Such plan should include sufficient testing, and spin pit testing of LLC components (powerplant only), as well as sampling of LLCs on an opportunity basis from the in-service fleet. The Supplier shall report compliance to this plan as required by Manufacture.

ii. Hot Section Inspection and Overhaul Interval (Powerplant Only)

The engine shall be designed to achieve a minimum hot section inspection of XX,XXX engine flight hours based on a twelve (12) month rolling average, measured on the aircraft family worldwide fleet.

The engine shall be designed to achieve a minimum overhaul interval of XX,XXX engine flight hours based on a twelve (12) month rolling average, measured on the aircraft family worldwide fleet.

iii. Shop Visit Rate (unscheduled) (Powerplant Only)

The Supplier shall guarantee an engine Basic Unscheduled Removal (BUR) rate to be less than X.XX per 1,000 engine flight hours based on a twelve (12) month rolling average, measured on the aircraft family worldwide fleet. Any incident that occurs within the first twelve (12) months after EIS, requires a full root-cause analysis and if required a corrective action plan.

The above guaranteed values are critical parameters and are required to be met at entry into service (EIS) of the first production aircraft.

The BUR shall be exchanged between the Supplier and Manufacture on a monthly basis with the rate calculated on a twelve (12) month fleet wide rolling average.

c) Dispatch Interruption Rate

The aircraft Dispatch Reliability (DR) attributable to the system shall be greater than XX. XX%, based on a three (3) month moving average, measured on the aircraft family worldwide fleet. This corresponds to a maximum system dispatch interruption rate (DIR) of X. XX% (e. g. : X. X delays or cancellation per 1,000 attempted departures). The dispatch reliability and DIR assumes that supplier recommended maintenance, including on-condition preventive maintenance, has been performed.

In designing to comply with this requirement, the supplier shall identify which system items are potentially critical to dispatch reliability and show Manufacture what steps have been taken to minimize their failure probability.

The Supplier shall adhere to the formula, definition, and method of compliance and guidelines for the dispatch reliability outlined in general technical requirement and as follows: For the period from initial EIS until the evaluation described in paragraph a) below is achieved, if a dispatch interruption occurs within supplier's system and/or Item(s), supplier shall perform a detailed root cause analysis and propose a corrective action.

The guaranteed DIR shall be evaluated after the fleet has exceeded twelve (12) months from EIS of the first aircraft.

Supplier shall guarantee that the three (3) month moving average chargeable DIRs of the system shall not be greater than that specified in the requirements documents. Such guarantee comes into effect at initial EIS of the aircraft and continues for the service life of the aircraft.

Dispatch Reliability (DR) is equal to one hundred percent (100%) minus (−) DIR.

○ Achieved Dispatch Interruption Rate (ADIR) Formula

Dispatch interruption data will be collected by Manufacture and dispatch interruption rates calculated on a monthly basis and published. Both data and reports will be provided to Supplier.

In assessing compliance with the dispatch reliability requirements, the following formulas shall be used to determine the chargeable DIR achieved in service for the system or an item.

⇒SYSTEM ADIR FORMULA

System Achieved Dispatch Interruption Rate for Delays (SADIRD) =

100%× Chargeable Initial Delays/(Total Reported Flight Cycles + Initial Cancellations)

System Achieved Dispatch Interruption Rate for Cancellation (SADIRC) = 100%×Chargeable Initial Cancellations/(Total Reported Flight Cycles+Initial Cancellations)

Chargeable Initial Delays and Chargeable Initial Cancellations are mutually exclusive for a given event.

⇒TOTAL ADIR FORMULA

System Achieved Dispatch Interruption Rate (SADIR) = SADIRD + SADIRC

d) Rejected Takeoff Rate (RTO) (Where Applicable)

The Supplier shall guarantee a twelve (12) month rolling average mature system caused RTO rate to be less than 0.01 per 1,000 attempted takeoffs.

RTO incidents shall be exchanged between the Supplier and Manufacture on a monthly basis with the rate calculated on a twelve (12) month fleet wide rolling average.

The above guaranteed values are critical parameters and are required to be met at entry into service (EIS) of the first production aircraft. Any incident that occurs within the first twelve (12) months after EIS, requires a full root-cause analysis and if required a corrective action plan.

e) In-Flight Shut Down Rate (Powerplant Only)

The Supplier shall guarantee a twelve (12) month aircraft family fleet wide rolling average powerplant (engine and nacelle) caused IFSD rate to be less than X.XX per 1,000 engine flight hour.

The IFSD incidents shall be exchanged between the Supplier and Manufacture on a monthly basis with the rate calculated on a twelve (12) month fleet wide rolling average.

The Supplier shall provide all available information on all IFSD events, irrespective of its cause (for example aircraft fuel management caused IFSD, erroneous crew shutdown, etc.).

第 4 章　DMC 目标设置

4.1　DMC 目标设置介绍

正如第 2 章所述，DMC 是影响飞机 DOC 的重要因素，因此实现 DMC 的合理有效控制对飞机的经济性有着重大意义。

在飞机 DOC 分析中，维修成本分析最为棘手。维修成本由航线维护、基地维修、部件维修和发动机维修四部分构成，依据维修间隔要求呈周期性变化，与机型、机龄、运行因素以及航空公司经营模式等有关，维修成本的高低能够综合体现飞机的设计水平和制造厂家的客户服务水平，因此应开展全生命周期维修成本的控制和分析。

DMC 目标即是指在飞机研发过程中，依据市场需求、飞机技术方案等边界条件，对于整机所设定的一个总体目标。合理的设置 DMC 目标对于整个飞机项目取得成功是一个重要的因素。

4.2　DMC 的构成要素及划分

DMC 依据不同的标准，有多种划分方法，图 4.1 是 DMC 构成要素的不同划分方法。

4.2.1　按费用属性划分

DMC 是飞机维修中直接花费的人工工时和材料的费用之和。即可以分为材料费和人工费两大部分，其中材料费包括在维修过程中消耗的各种耗材的费用、更换的航材备件费用等；人工费主要是指在维修过程中，维修人员完成维修任务所发生的人工工时费用，一般采用工卡的形式来进行衡量。

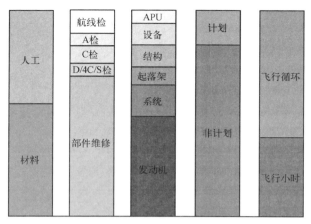

图 4.1　DMC 的构成要素划分方法(后附彩图)

材料费和人工费一般不直接用于计算 DMC,需要结合 ATA 或者 AEA 方法细分,在具体章节或者具体的维修任务中细分材料费和人工费,然后才能展开计算。

将人工成本和材料成本按飞机维修级别和维修工作分解(以空客 A320 为例),如图4.2所示。

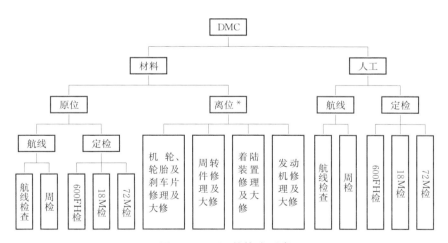

图 4.2　DMC 的构成要素

* 说明:离位维修工作中包含有人工费用,由于航空公司一般没有部件维修资质,离位维修任务由专业厂家完成,专业厂家按照 CMM、EMM 等手册修理部件,修理费用不但包括材料费用、人工费用,还包括管理费用等间接费用,但对航空公司来说,则属于部件直接维修费用。

4.2.2 按维修事件划分

飞机维修具有明显的周期性。航空公司根据飞机制造商提供的维修大纲文件制定维修计划,目前国际上通用的方法是将维修间隔相近的维修工作组包在一起,按飞行小时或者日历年限划分飞机维修等级。以空中客车 A320 飞机为例,飞机计划维修任务分为航线检查、600FH 检(原 A 检)、18~20M/6000FH/3000FC(原 C 检)、72M(原 D 检)。具体检查内容见表 4.1。

表 4.1　A320 飞机计划维修工作及间隔

检　查	内　容
航线检查	包含航前检查、过站检查和航后检查。在没有设备辅助或特殊工具的情况下具备飞行机组所能完成的工作
600FH 检（及其倍数）	绕机检查,一些系统检查和勤务,部分时寿件更换
18~20 M/6000FH/3000FC(及其倍数)	包含 600FH 检内容以及系统检查,基本状况检查,机构和安装件的安全检查,时寿件更换,防腐等
72M(结构检)	包含 6000FH 检内容以及飞机结构疲劳和腐蚀检查,重要部件翻修,改装等
部件维修	在机载成品或结构部件等出现故障时发生的部件的拆卸、更换、检测、修理、安装等

除计划维修任务外,还有非计划维修任务,主要是在机载成品或结构部件等出现故障时发生的部件的拆卸、更换、检测、修理、安装等,同样会以材料费用和人工费用的形式计入 DMC。

4.2.3 按 ATA 章节划分

按照维修活动产生的源头,将 DMC 按照 ATA 章节进行划分,可以分为发动机、机体系统、设备/装饰、结构、起落架、APU 等,针对每个 ATA 章节,可以进一步按维修计划及材料费、人工费的方式进行划分。表 4.2 列举了按 ATA 章节进行划分时的 DMC 构成要素(以空客 A320 为例)。

表 4.2　按 ATA 章节的 DMC 构成要素

ATA 章节号	章节名称	维修计划	费用类别	
5	时限/维护检查	航线检查	材料费	人工费
		600FH 检		
		6000FH 检		
		72M 检		

续　表

ATA 章节号	章节名称	维修计划	费 用 类 别	
21	空调	航线检查	材料费	人工费
		600FH 检		
		6000FH 检		
		72M 检		
		部件维修		
22	自动飞行	航线检查	材料费	人工费
		600FH 检		
		6000FH 检		
		72M 检		
		部件维修		
23	通信	航线检查	材料费	人工费
		600FH 检		
		6000FH 检		
		72M 检		
		部件维修		
24	电源系统	航线检查	材料费	人工费
		600FH 检		
		6000FH 检		
		72M 检		
		部件维修		
25	内饰/设备	航线检查	材料费	人工费
		600FH 检		
		6000FH 检		
		72M 检		
		部件维修		

4.2.4　按照维修级别划分

DMC 还可以按照维修级别分为航线维修成本、A 检维修成本、C 检维修成本、结构检维修成本、其他定检维修成本、部附件维修成本和发动机维修成本。其中，航线维修成本、A 检维修成本、C 检维修成本、结构检维修成本、其他定检维修成本构成原位维修成本(on-aircraft maintenance cost),部附件维修成本和发动机维修成本构成离位维修成本(off-aircraft maintenance cost)。每一个维修级别的成本都由人工工时费和材料费组成。值得注意的是,在维修过程中产生的商业性清洁和喷漆(commercial cleaning and painting)费用、执行客户化的改装和服务通告(customer MOD/SBs)费用、地面支持设备(GSE)费用、运输费用和备件存储(spares holding)费用等都归为 IMC,并不算在 DMC 之中。

按修理级别和 ATA 章节是从不同角度划分 DMC,相互之间存在一定的联系,如表 4.3 所示。

表 4.3　两种 DMC 划分方法之间的联系

机体(第5、21~57章)	航线维修(机体)	原位	人工工时	所有机体系统原位维修人工工时
	A 检(机体)			
	C 检(机体)		材料	所有机体系统原位维修材料费
	结构检			
	其他定检(机体)*			
	部附件送修(机体)	离位	人工工时	所有机体系统离位维修人工工时
			材料	所有系统离位维修材料费
动力装置(71~80章)	航线维修(动力装置)	原位	人工工时	所有动力装置系统原位维修人工工时
	A 检(动力装置)			
	C 检(动力装置)		材料	所有动力装置系统原位维修材料费
	其他定检(动力装置)*			
	部附件送修(动力装置)	离位	人工工时	所有动力装置系统离位维修人工工时
	发动机送修		材料	所有动力装置系统离位维修材料费

*其他定检是指那些不放在 A 检、C 检或结构检中,单独进行时间控制(日历时间\飞行小时\飞行循环)的维修工作

4.2.5　按维修活动属性划分

飞机的维修活动可以分为计划维修和非计划维修两大类。其中计划维修是指按飞机的维修大纲及维修计划周期性开展的维修工作,如航线检查、600FH 检、6000FH 检等,这部分成本是可预计并可以通过优化维修计划来进行优化的。非计划维修主要是在飞机出现故障时导致的停场修理,其发生是不确定、随机的,主要受飞机本身的结构、系统的可靠性影响,通过在飞机设计、制造过程中提高其可靠性是优化非计划维修成本的主要手段。

维修活动属性也不能直接计算出 DMC,需要将这两大类属性再次分为若干的维修任务或者分解到各个 ATA 章节中,才能计算出 DMC。

4.3　DMC 目标的确定

4.3.1　DMC 目标值的设置思路

DMC 取决于产品本身的固有维修经济性,而固有维修经济性又来源于产品设计,所以设计阶段的 DMC 是产品全生命周期 DMC 活动的重点。设计阶段的 DMC 活动包括 DMC 目标设置、权衡和调整、DMC 担保等,其中,DMC 目标设置是所有后续活动的目标和前提。科学合理的 DMC 目标值设置可以更好地指导飞机项目的设计研发工作,是实现飞机经济性目标和项目商业成功的重要保障,因此具有难以估量的意义。

DMC 目标设置的典型流程如下。

1）竞争机型研究

在市场竞争环境中,飞机项目若要取得成功,飞机的经济性要比同类竞争飞机优越,座公里成本比同类竞争飞机低,飞机的维修成本不能超过同类竞争飞机的维修成本是实现经济性要求的一个基础,这就需要了解竞争机型的维修成本状况,才能针对性地设置 DMC 控制目标。在飞机项目初研阶段,需结合市场调研,逐步建立国内外典型航空公司典型机型的机体维修成本与发动机维修成本数据库,以便开展 DMC 目标研究。

一般来说,新飞机刚投入航线运营时,保修期内的维修由制造商承担大部分成本,因而对于航空公司,该期间内维修成本相应较低;而对于老旧飞机,由于服役时间过长,维修成本大幅增加。因此飞机 DMC 目标设置应是成熟期的 DMC 目标值。

2）确定假设条件

DMC 与飞机的使用环境、使用方式等因素关联密切,不同的航线长度、日利用率等因素会造成 DMC 的巨大差异。为了统一飞机 DMC 的计算基础,结合飞机总体设计要求,需要对典型航段长度、典型航段轮挡时间、飞机年利用率、飞机生命、DMC 计算周期（将维修成本累积后平均到 FH/FC）等作出统一规定,防止由于计算基础不一导致 DMC 计算结果的差异。

3）选择估算方法

目前,广泛应用的飞机维修成本目标值估算有以下三种方法：类比法、参数法、工程估算法。其中参数法国际上主流的有 ATA 法、AEA 法和 NASA 法,国内目前在研究的有神经网络算法、遗传算法等。各种估算方法各有优缺点,应根据飞机的研制阶段选择合适的估算方法。

4）项目级权衡决策

由于飞机项目的研发是一个非常复杂的系统工程,DMC 目标作为该项目的其中一个指标要求，不能片面地追求 DMC 的最低化，需要将 DMC 目标与项目的其他指标综合考虑，在整个项目的层面进行权衡决策，以使得项目的整体指标最优。

5）迭代细化

按照所选择的估算方法及确定的假设条件计算出 DMC 目标值，结合市场调研结果，进行综合权衡，以确定初始 DMC 目标。在飞机研制过程中，根据研制阶段的不同对 DMC 目标进行细化及迭代，如图 4.3 所示。

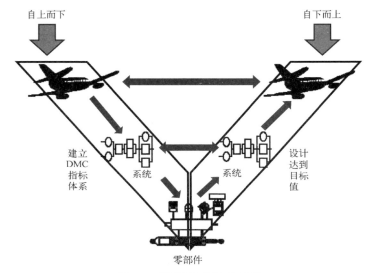

图 4.3　DMC 细化迭代过程

4.3.2　DMC 目标确定工作流程

DMC 目标确定的基本工作流程如图 4.4 所示。

1. 市场调研

1）目的和内容

针对 DMC 的市场调研，主要包括三个层面的内容：首先是了解掌握当前市场上运营的同类和相近机型的 DMC 数据及其客服支持形式；其次是了解目标航空公司对未来机型 DMC 和客服的需求；最后，还要了解竞争对手下一代产品的 DMC 目标。

一般来说，航空公司对新机型的期望是 DOC 和 DMC 越来越低，因此新机型的 DOC 和 DMC 是其市场竞争力的重要指标。在新机型研制伊始，首先要通过市场调研了解上述三个层面的情况，以便为新机型设定一个在今后相当长时间内具有竞争力，而技术和服务上又可以达到的 DMC 目标值，纳入市场要求与目标（market requirement & objective，MR&O），并作为设计的顶层需求，贯穿于后续

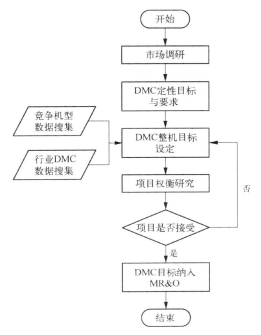

图 4.4　DMC 目标确定工作流程

的设计全过程。

　　2)　方法和数据处理

　　通常,市场调研包括三个主要环节,分别是文案研究、用户走访和总结归纳。

　　(1)　文案研究。首先,针对需要调研的内容尽可能多地从各种渠道收集相关信息,包括公司内部日常收集积累的情报资料、各种广告资料、互联网有关专业网站上的资料、论文和专业会议文集,还可以从专业咨询公司如 ASCEND、ICF 等购买所需的资料。将收集到的资料录入数据库,进行初步分析,梳理出还需要进一步与用户沟通获取的资料清单。针对性地选择需要走访调研的用户,建立联系,协调访问的行程和内容,便于对方做好相应的准备工作。

　　(2)　用户走访。以上述文案研究为基础,对筛选出的航空公司、专业维修机构等进行走访,获取所需要的 DMC 数据,包括用户现有机型的 DMC 数据以及对新一代机型 DMC 的期望。由于 DMC 数据一般涉及用户的商业秘密,对获得的数据需按照双方签署的保密协议妥善保管。

　　(3)　总结归纳。由文案研究和用户走访所获得的 DMC 数据格式多样而内容庞杂,需要进行预处理后有选择地录入数据库。对数据库中的数据进行分析,生成表格、曲线和柱状图等。如按机型- DMC、ATA 章节- DMC、字母检- DMC、机龄- DMC、利用率- DMC、机体-发动机、工时费-材料费等,如图 4.5 所示。

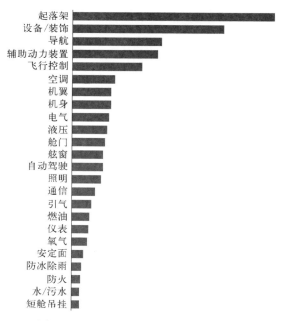

图 4.5 按 ATA 章节统计的 DMC 示例

由于 DMC 受到机龄、航段长度、飞机利用率、机队规模、运营的地理和经济环境、统计年份、货币汇率以及制造商的客服形式等多种因素的影响,因此需要对市场调研直接得到的 DMC 数据做相应的处理,结合新机预期的运营和客服情况,在相同的条件下比较,得出新机具有市场竞争力的 DMC 目标值。

飞机研制单位在进行市场调研之前需要设计并建立一套 DMC 数据库,用于存放竞争机型及自己历史机型和未来新机型的相关数据。调研时可依此数据库设计一套表格,用于录入调研数据。对于录入的原始数据,需要按照相应的规则,考虑机龄、航段长度、飞机利用率、机队规模、运营的地理和经济环境、统计年份以及货币汇率等因素,处理成所需要的形式,输出后作为竞争机型的标杆数据,如表 4.4 所示。

表 4.4 DMC 数据调查表示例

机 型		注册号		出厂日期	
航段长度		飞机利用率		统计年份	
ATA 章节	日 期	维修事件描述		材料消耗/材料费	人工时/工时费
21 空调					
22 自动飞行					
23 通信					

DMC 数据库中包含的主要内容有：机型、子型、出厂日期、维修大纲规定的各字母检周期、FD 和 ED 检查的初始周期和间隔、运营商、飞机注册号、统计年份、运营环境、航段、利用率、累计飞行小时数、累计起落数、按 ATA 章节分类统计的维修内容、维修日期、维修材料消耗数量、维修人工时、成品型号、序列号、成品供应商名称、发动机型号、序列号、维修记录等，如表 4.5 所示。

表 4.5　DMC 数据库表字段信息示例

字 段 名 称	类 型	字 段 描 述
机　型	字符	
子　型	字符	
出厂日期	日期	
运营商	字符	
机　龄	数值	
典型航段	数值	以 km 计
运营环境	字符	
DMC 值	数值	以美元计
统计年份	日期	
数据来源	字符	

当然，在所研制的机型交付用户之后，也需要进行持续的市场调研，将实际使用中的 DMC 数据录入数据库，定期对数据作出相应的处理之后，与当初的设计目标值进行对比分析，发现问题并针对性地作出改善。

3）结果分析

对于调研得到的竞争机型和自己产品的 DMC 定期作出整理分析，作为设计与服务持续改进的依据。此外，当数据库足够丰富时，一方面可以尝试建立 DMC 与设计参数之间的关联关系式，作为今后新机型研制中 DMC 估算的参数法经验公式，提升新机研制水平和能力；另一方面可以尝试建立 DMC 与运营相关参数之间的关联关系式，对该机型在特定环境下运营的 DMC 作出预估，提升市场开拓能力。

数据库中成品的 DMC 数据可以作为供应商及其产品的评价依据，也可以作为今后新机型供应商和成品选择的重要参考依据。

2. 确定 DMC 定性目标及要求

在完成市场调研后，根据市场调研的分析结果来确定 DMC 的定性目标与要求。一般而言，这一目标是一个定性的描述，如不高于某数值或相对于某类似机型降低某百分比等，确定这一目标的目的是为后续的 DMC 整机目标设定提供一个评判的标准。

需要注意的是,在确定 DMC 的定性目标时应合理,不可过高或过低。目标制定得过低,虽然后续的整机目标设定及设计实现较容易,但有可能导致机型的市场竞争性降低,在市场中处于不利地位。目标制定得过高,在设计方案时难以实现,从而导致设计方案重重迭代,并且有可能导致设计成本、制造成本等过高,甚至于无法实现,不得不重头来过,浪费时间及资源。所以在确定 DMC 定性目标时一定要综合考虑各方面的因素,目标制定在合理的范围内,为后续的 DMC 整机目标设定工作提供良好的输入。

3. DMC 整机目标设定+"方法"

在确定了 DMC 定性目标及要求后,为支持研发过程及后续的 DMC 分配、预计、控制等工作,需要确定 DMC 的整机目标。确定 DMC 整机目标所用的方法主要有参数法、类比法和工程估算法。

其中,参数法主要在项目前期概念研究阶段使用,其所需的基础数据较少,但由于参数法所用的公式均是基于积累的经验数据推导而来,而 ATA、AEA 等不同的公式所使用的基础数据均是来源于某一区域及时间所收集的相关数据,因此在其他区域或时间应用时就会存在较大的偏差。

类比法是通过与过去类似的机型进行比较,并根据经验加以修正而得出费用估计的一种方法。要应用类比法首先需要掌握类似机型的 DMC 数据以及性能功能数据,同时对新飞机与类似机型的差异予以分析,给出相应的修正系数,从而得出新飞机的 DMC 目标。相对于参数法,由于类比法使用的数据是来源于类似的机型,其结果相对准确及可信。

工程估算法主要应用于项目后期,需要有详细的工程基础数据支持,对于 DMC,一般要求确定详细的维修任务清单,并且针对每一项维修任务核算其成本,自下而上地进行汇总计算,从而得出整机的 DMC。由于其所需的数据较为详细及具体,这种方法在 DMC 整机目标确定的过程中应用较少。

对于这三种估算方法的详细介绍及相应案例详见 4.4 节。

一般而言,DMC 整机目标的确定是在项目的早期进行的,因此主要采取类比法进行估算,参数法为辅进行评估及验证。首先根据初步确定的技术方案与类似机型进行差异性分析,确定各相关费用的修正系数,计算后统计出整机的 DMC,与上一步确定的 DMC 定性要求进行对比,若不符合要求则需要对技术方案进行调整后重新测算 DMC,以达到 DMC 定性要求。

在初步确定了 DMC 整机目标后,并不意味着工作流程的结束,由于在调整技术方案时以 DMC 要求为最优先的要求而进行,并一定能够使得整个项目达到最优化,需要将初步确定的 DMC 整机目标提交项目层级进行决策。

4. 项目权衡研究

在上一步骤初步确定 DMC 整机目标后,需要在项目层级对相对应的技术方案进行分析研究,以评估实现此技术方案所需的时间、技术、成本等因素,确定方案中是否能在合理成本或合理时间范围内实现。

以发动机为例,若要实现 DMC 整机目标,技术方案要求其大修间隔达到40 000 飞行小时,而现阶段的类似发动机的大修间隔仅 20 000 飞行小时,如此要实现此目标需要新研一代发动机,需要使用新一代的技术及材料,研制周期需要十年,研制成本也高达数十亿美元,而这一时间及成本可能是本项目无法承受的。

权衡研究的输出物是项目权衡研究报告,在报告中需要针对实现技术方案所需的时间、技术、成本等进行分析研究,识别出对项目影响较大的因素,并且需要找出各因素与结果之间的影响关系,为项目决策及方案调整提供基础。

5. 项目级决策

在完成项目权衡研究的基础上,需要项目决策层对 DMC 整机目标进行决策,在综合考虑整个项目层级的时间、成本等因素后,最终确定是否采纳此 DMC 整机目标,若项目决策不通过,则需要重新进行 DMC 整机目标的迭代分析及权衡研究,再次提交项目决策层进行决策。

在进行项目级决策时,常用的决策方法主要分为主观决策和计量决策两大类。其中主观决策即定性决策是建立在系统工程的基础上,发挥各专家集体智慧和创造力的决策方法,主要有专家意见法、头脑风暴法、类比思考法等。而计量决策的实质是应用数学方法建立反映决策问题的数学模型,用计算机为其求解,提高了决策的速度和精度。根据数学模型涉及问题的实质,一般分为确定型决策、风险型决策和不确定型决策。在 DMC 整机目标决策的过程中可以综合运用上述方法进行决策。

6. 将 DMC 目标纳入 MR&O

在通过项目级决策后,确定下来的 DMC 整机目标需纳入 MR&O,作为整个项目研制的需求,贯彻到项目研制中,作为制定项目设计要求与目标的基础。

4.4　DMC 目标估算方法

DMC 值是飞机维修性的直接量化体现,关乎一型飞机设计成功与否。正如 4.3 节所述,目前,广泛应用的飞机维修成本目标值估算有以下三种方法。

4.4.1　参数法

1. 参数法简介

参数法是根据飞机系统的结构参数或性能数据,建立成本估算模型。根据已有飞机统计数据,建立各项费用和飞机系统性能设计参数之间的函数,再利用统计分析方法确定各待定数据的值。这种方法是把维修费用和影响维修费用的因素之间的关系看成某种函数关系。首先要确定影响费用的主要因素（参数），然后利用已有的同类产品的统计数据，运用回归分析方法、时间序列方法或灰色模型的理论建立费用估算模型，以对费用影响因素进行分析和评估。

这种方法要求估算人员对系统的结构特征有深刻的了解，对影响费用的参数找得准，对二者之间的关系模型建立得正确，同时要有可靠的经验数据，这样才能使费用估算得较为准确。此外，它还适用于确定费用的主导因素和进行费用敏感度分析。

建立费用估算关系时，最好利用与要分析的新飞机非常类似的最近飞机的成本估算关系。由于数据的继承性，这样便可以给新飞机的费用分析带来很大的方便。波音公司和空客公司可以用其现在飞机的费用估算关系毫无困难地、非常精确地估算新喷气客机的费用就是最好的证明。当然，对于新进入市场的制造商，要找出一个最近的、非常类似的原型机或验证机来用做费用分析的基准常常是非常困难的。

费用估算参数法的优点主要表现在以下几个方面：

（1）它可在研制早期就加以应用；

（2）快速而廉价；

（3）客观性比较好；

（4）不仅可以提供预期的费用估算值，还可提供置信区间。

参数法的缺点主要表现在以下几个方面：

（1）它不能用于一个全新的系统或新技术含量很高的系统；

（2）即使用于一个改进的系统，该方法也需要进行一些调整；

（3）该方法一般用于系统级的费用估算，也可用于组成系统的分系统级，但一般不宜用于分系统以下各级的费用估算。

2. 参数法估算流程

在采用参数法设定 DMC 目标值时，需要根据飞机研制阶段以及数据的来源选定具体的建模方法，其具体的流程如图4.6所示。

1）模型参数的选定

该方法的要旨是必须在充分理解系统的前提下确定合适的费用参数，该参数应当满足：

（1）该系数确实是与维修费用相关，能充分反映维修成本；

（2）该参数有利于进行维修成本影响因素分析，易于与实际影响因素联系；

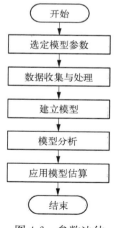

图 4.6 参数法估算流程

（3）该参数易于获取。

2）数据收集及处理

历史数据的正确性、丰富程度是决定所建立数学模型精度和可信度的必要条件，因此，对收集到的数据必须进行预处理。

（1）数据修正

由于所收集的数据是有相当长时间跨度的，诸多存在的客观原因就使得数据没有统一的标准，因此在使用前必须进行标准化，以便进行数据的再处理。

（2）数据的聚类分析

航空公司在实际的财务及管理过程中并非严格按照设定的参数进行统计和审核，所以必须对重叠和遗漏的数据进行清理和聚类。

3）建模

建模的方法比较多，常用的有时间序列法、回归分析方法、神经网络法以及灰色理论方法等，其中灰色理论研究的对象是小样本、贫数据情况下的建模问题，其目标是微分方程模型。鉴于中国航空界存在数据记录不完整的实际情况，用这种方法有较高的实际意义。

4）模型分析

（1）费用驱动因子敏感度分析

依据所建立的费用估算模型，计算费用参数的变化量对总费用的变化影响情况，从而针对影响显著的因子作出调整或其他控制策略。

（2）不确定性分析

应用于预测的模型所处理的数值多是将来的估算值，常常存在着不确定性，只有判定了估算值的准确程度，才能作出尽可能合理的决策。

5）应用模型估算

在参数模型建立完成后，估算的工作就较为简单，依据模型的需要将相应的参数设置完成后，按公式进行计算就可以得出相应的结果。在飞机 DMC 估算的实际应用中，一种方式是采用通用的参数模型来进行估算，如 ATA 方法、AEA 方法等，不再进行建模的工作，在下一段会对这几种典型的 DMC 估算参数法进行介绍；另一种方式是按参数估算法的步骤去自己建立相应的估算模型来进行估算，但这种方式需要有大量的基础数据积累及高超的数学建模能力，应用起来难度较大。

3. 典型参数法介绍

在飞机 DMC 研究领域，典型的参数法有 ATA 法、AEA 法和 NASA 法。

1）ATA 法

ATA 法是以 DC - 3 飞机的运营数据为基础建立的数学模型，模型的输入主要是新型飞机的重要设计参数。具体模型如式（4 - 1）～式（4 - 5）所示：

$$\begin{cases} \text{Labor\_Airframe} = (\text{KFHa} \times \text{tf} + \text{KFCa}) \times \text{RL} \times Ma^{0.5}/\text{tf} \\ \text{KFCa} = 0.05 \times \text{Wa}/1\,000 + 6 - 630/(\text{Wa}/1\,000 + 120) \\ \text{KFHa} = 0.59 \times \text{KFCa} \end{cases} \quad (4-1)$$

$$\begin{cases} \text{Material\_Airframe} = (\text{CFHa} \times \text{tf} + \text{CFCa})/\text{tf} \\ \text{CFHa} = 3.08 \times \text{Ca} \\ \text{CFCa} = 6.24 \times \text{Ca} \end{cases} \quad (4-2)$$

$$\begin{cases} \text{Labor\_Engine} = (\text{KFHe} \times \text{tf} + \text{KFCe}) \times \text{RL}/\text{tf} \\ \text{KFHe} = (0.6 + 0.027 \times T/1\,000) \times \text{Ne} \\ \text{KFCe} = (0.3 + 0.03 \times T/1\,000) \times \text{Ne} \end{cases} \quad (4-3)$$

$$\begin{cases} \text{Material\_Engine} = (\text{CFHe} \times \text{tf} + \text{CFCe})/\text{tf} \\ \text{CFHe} = 2.5 \times \text{Ne} \times 10 \times \text{Ce} \\ \text{CFCe} = 2 \times \text{Ne} \times 10 \times \text{Ce} \end{cases} \quad (4-4)$$

$$\begin{aligned} \text{DMC} = &\text{Labor\_Airframe} + \text{Material\_Airframe} \\ &+ \text{Labor\_Engine} + \text{Material\_Engine} \end{aligned} \quad (4-5)$$

其中,DMC 指总的平均直接维修成本,单位为美元/飞行小时;Labor_Airframe 和 Material_Airframe 分别指机体的平均人工工时成本和材料成本;Labor_Engine 和 Material_Engine 分别指发动机的平均人工工时成本和材料成本;KFHa 和 KFCa 分别指每飞行小时和每飞行循环的机体人工工时成本;CFHa 和 CFCa 分别指每飞行小时和每飞行循环的机体材料成本;KFHe 和 KFCe 分别指每飞行小时和每飞行循环的发动机人工工时成本;CFHe 和 CFCe 分别指每飞行小时和每飞行循环的发动机材料成本;tf 指飞行时间,单位为小时;RL 指人工工时费率,单位为美元/人工工时;Ma 指马赫数;Wa 指机体重量,单位为磅;Ca 和 Ce 分别指机体价格和发动机价格,单位为百万美元;T 指最大起飞推力,单位为磅;Ne 指发动机数量。

2) AEA 法

AEA 法是以飞机实际运营数据为基础,根据飞机设计参数建立的数学模型。数学模型分为中短程飞机和远程飞机两个类别,每个类别又分别按照飞机发动机、涡扇发动机和涡喷发动机建立不同的模型。以中短程涡喷发动机数学模型为例,具体模型如下:

$$\text{Labor\_Airframe} = \left[\left(0.09\text{Waf} + 6.7 \times \frac{350}{\text{Waf} + 75} \right) \times \frac{0.8 + 0.68(t - 0.25)}{t} \right] \times \text{RL}$$
$$(4-6)$$

$$\text{Material\_Airframe} = \frac{4.2 + 2.2(t - 0.25)}{t} \times \text{Ca} \qquad (4-7)$$

$$\begin{cases} \text{Engine} = \text{Ne} \times (\text{Lt} + \text{Mt}) \times (\text{tf} + 1.3)/(\text{tf} + 0.25) \\ \text{Lt} = 0.21 \times \text{RL} \times C_1 \times C_3 \times (1 + T)^{0.4} \\ \text{Mt} = 2.56 \times (1 + T)^{0.8} \times C_1 \times (C_2 + C_3) \end{cases} \qquad (4-8)$$

$$\text{DMC} = \text{Labor\_Airframe} + \text{Material\_Airframe} + \text{Engine} \qquad (4-9)$$

其中,DMC 指总的平均直接维修成本,单位为美元/轮挡小时;Labor_Airframe 和 Material_Airframe 分别指机体的平均人工工时成本和材料成本;Engine 指发动机的平均维修成本;Waf 是机体劳务计价重量,一般算做机体重量的 1.2 倍,单位为吨;t 指轮挡时间,tf 指飞行时间,单位为小时且 $t = \text{tf} + 0.25$;RL 指人工工时费率,单位为美元/人工工时;Ca 指机体价格,单位为百万美元;Lt 和 Mt 分别指每飞行小时发动机维修的人工成本和材料成本;T 指最大起飞推力,单位为吨;C_1、C_2 和 C_3 是三个计算因子,且有

$$C_1 = 1.27 - 0.2 \times \text{BPR}^{0.2}$$
$$C_2 = 0.4 \times (\text{OAPR}/20)^{1.3} + 0.4$$
$$C_3 = 0.032 \times n_c + K$$

其中,BPR 是涵道比;OAPR 是增压比;n_c 是压气机级数;K 是与轴数有关的经验值,1 轴取 0.5,2 轴取 0.57,3 轴取 0.64。

3) NASA 法

NASA 模型针对 ATA 章节划分的系统,对每个系统的维修费用进行回归分析。维修费用分为机体系统和推力系统两大部分。具体模型如下:

$$\text{Trip Time} = \text{tf} + 0.25 \qquad (4-10)$$

$$\begin{cases} \text{Labor\_Airframe} = \left(1.26 + 1.774 \times \dfrac{\text{Wa}}{100\,000} - 0.107\,1 \times \left(\dfrac{\text{Wa}}{100\,000}\right)^2\right) \times \text{Trip Time} \\ \qquad + \left(1.614 + 0.722\,7 \times \dfrac{\text{Wa}}{100\,000} + 0.120\,4 \times \left(\dfrac{\text{Wa}}{100\,000}\right)^2\right) \\ \text{Materia\_Airframe} = \left(12.39 + 29.8 \times \dfrac{\text{Wa}}{100\,000} + 0.180\,6 \times \left(\dfrac{\text{Wa}}{100\,000}\right)^2\right) \times \text{Trip Time} \\ \qquad + \left(15.2 + 97.33 \times \dfrac{\text{Wa}}{100\,000} - 2.862 \times \left(\dfrac{\text{Wa}}{100\,000}\right)^2\right) \end{cases}$$
$$(4-11)$$

$$
\begin{cases}
\text{Labor\_Engine} = \left(\left(0.645 + 0.05 \times \dfrac{T}{100\,000} \right) \times \left(0.566 + \dfrac{0.434}{\text{Trip Time}} \right) \right) \\
\qquad\qquad\qquad \times \text{Trip Time} \times \text{Ne} \\
\text{Material\_Engine} = \left(25 + \left(0.05 \times \dfrac{T}{100\,000} \right) \times \left(0.62 + \dfrac{0.38}{\text{Trip Time}} \right) \right) \\
\qquad\qquad\qquad \times \text{Trip Time} \times \text{Ne}
\end{cases}
$$

$$(4-12)$$

$$
\text{DMC} = \text{Labor\_Airframe} \times \text{RL} + \text{Material\_Airframe} + \text{Labor\_Engine} \\
\qquad\qquad \times \text{RL} + \text{Material\_Engine}
$$

$$(4-13)$$

其中，tf 是飞行时间，单位为小时；Trip Time 是轮挡小时；Wa 是机体重量，单位为磅；EW 是发动机重量，单位为磅；Ne 是发动机数量；RL 是人工工时费率，单位为美元/人工工时。

4. 参数法案例

1）基础参数

假定某机型的基础参数如表 4.6 所示。

表 4.6　某机型基础参数

参　数	参 数 含 义	数　值	单　位
Wa	机体重量	120 000	磅
EW	发动机重量	10 400	磅
Ne	发动机数量	2	
RL	人工工时费率	65	美元/小时
tf	飞行时间	2	小时
Ma	马赫数	0.8	
Ca	机体价格	42	百万美元
Ce	发动机价格	7.5	百万美元
T	最大起飞推力	13 500	磅
BPR	涵道比	5.5	
OAPR	增压比	32.8	
n_c	压气机级数	3	

2）应用 ATA 法估算

ATA 法的应用比较简单，将相应的参数代入公式进行计算即可。

① 机体人工费：

$$\begin{cases} KFCa = 0.05 \times 120\,000/1\,000 + 6 - 630/(120\,000/1\,000 + 120) = 9.38 \\ KFHa = 0.59 \times 9.38 = 5.53 \\ Labor\_Airframe = (5.53 \times 2 + 9.38) \times 65 \times 0.8^{0.5}/2 = 594.17 \end{cases}$$

② 机体材料费：

$$\begin{cases} CFHa = 3.08 \times 42 = 129.36 \\ CFCa = 6.24 \times 42 = 262.08 \\ Material\_Airframe = (129.36 \times 2 + 262.08)/2 = 260.40 \end{cases}$$

③ 发动机人工费：

$$\begin{cases} KFHe = (0.6 + 0.027 \times 13\,500/1\,000) \times 2 = 1.93 \\ KFCe = (0.3 + 0.03 \times 13\,500/1\,000) \times 2 = 1.41 \\ Labor\_Engine = (1.93 \times 2 + 1.41) \times 65/2 = 171.28 \end{cases}$$

④ 发动机材料费：

$$\begin{cases} CFHe = 2.5 \times 2 \times 10 \times 7.5 = 375 \\ CFCe = 2 \times 2 \times 10 \times 7.5 = 300 \\ Material\_Engine = (375 \times 2 + 300)/2 = 525 \end{cases}$$

⑤ DMC：

$$DMC = 594.17 + 260.40 + 171.28 + 525 = 1\,550.85$$

最终结果是：1 550.85 美元/飞行小时。

3）应用 AEA 法估算

AEA 法与 ATA 法公式及参数有所不同，应用过程中需要确定几个参数，其余使用相应的飞机参数代入公式进行计算即可。需要注意的是 AEA 法计算出的 DMC 单位为美元/轮挡小时，轮挡小时 t 与飞行小时 tf 之间的关系是 $t = \text{tf} + 0.25$。

① 机体人工费。在计算机体人工费时需要使用 Waf 这一参数，Waf 是机体劳务计价重量，一般算做机体重量的 1.2 倍，对于本例，即 144 000 磅＝65.38 吨。

$$Labor\_Airframe = \left[\left(0.09 \times 65.38 + 6.7 \times \frac{350}{65.38 + 75}\right) \times \frac{0.8 + 0.68 \times 2}{2.25}\right] \\ \times 65 = 1\,409.55$$

② 机体材料费：

$$Material\_Airframe = \frac{4.2 + 2.2 \times 2}{2.25} \times 42 = 160.53$$

③ 发动机维修费。首先确定 3 个因子：C_1、C_2 和 C_3：

$$C_1 = 1.27 - 0.2 \times 5.5^{0.2} = 0.99$$

$$C_2 = 0.4 \times (32.8/20)^{1.3} + 0.4 = 1.16$$

$$C_3 = 0.032 \times 3 + 0.64 = 0.74$$

再计算发动机维修费：

$$\begin{cases} Lt = 0.21 \times 65 \times 0.99 \times 0.74 \times (1 + 6.1)^{0.4} = 21.79 \\ Mt = 2.56 \times (1 + 6.1)^{0.8} \times 0.99 \times (1.16 + 0.74) = 23.11 \\ Engine = 2 \times (21.8 + 23.1) \times (2 + 1.3)/(2 + 0.25) = 131.72 \end{cases}$$

④ DMC：

$$DMC = 1\,409.55 + 160.53 + 131.72 = 1\,701.80$$

最终结果是：1 701.80 美元/轮挡小时。

4）应用 NASA 法估算

NASA 法的应用也比较简单，将相应的参数代入公式进行计算即可，但使用的参数数量也较少。DMC 是指每航段的维修成本。

① 机体相关：

$$\begin{cases} Labor\_Airframe = \left(1.26 + 1.774 \times \dfrac{120\,000}{100\,000} - 0.107\,1 \times \left(\dfrac{120\,000}{100\,000}\right)^2\right) \times 2.25 \\ \qquad + \left(1.614 + 0.722\,7 \times \dfrac{120\,000}{100\,000} + 0.120\,4 \times \left(\dfrac{120\,000}{100\,000}\right)^2\right) = 9.93 \\ Materia\_Airframe = \left(12.39 + 29.8 \times \dfrac{120\,000}{100\,000} + 0.180\,6 \times \left(\dfrac{120\,000}{100\,000}\right)^2\right) \times 2.25 \\ \qquad + \left(15.2 + 97.33 \times \dfrac{120\,000}{100\,000} - 2.862 \times \left(\dfrac{120\,000}{100\,000}\right)^2\right) = 236.80 \end{cases}$$

② 发动机相关：

$$\begin{cases} Labor\_Engine = \left(\left(0.645 + 0.05 \times \dfrac{13\,500}{100\,000}\right) \times \left(0.566 + \dfrac{0.434}{2.25}\right)\right) \\ \qquad \times 2.25 \times 2 = 2.23 \\ Material\_Engine = \left(25 + \left(0.05 \times \dfrac{13\,500}{100\,000}\right) \times \left(0.62 + \dfrac{0.38}{2.25}\right)\right) \\ \qquad \times 2.25 \times 2 = 112.52 \end{cases}$$

③ DMC：

$$DMC = 9.93 \times 65 + 236.80 + 2.23 \times 65 + 112.52 = 1\,139.72$$

最终结果是：航段维修成本为 1 139.72 美元。

5）估算结果分析

将三种参数法的估算结果统一换算成美元/轮挡小时，对比如图 4.7 所示。

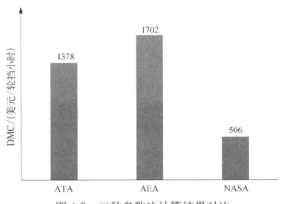

图 4.7　三种参数法计算结果对比

　　从对比结果可以看出，三种参数计算出来的整机 DMC 有所差异，这从一侧面显示出参数法应用的局限性，即由于选取的基础数据不同造成了结果较大的偏差，从而难以真实反映现实的 DMC 值。

　　对飞行时间进行调整，可以得出一系列的 DMC 值，结果如图 4.8 所示。

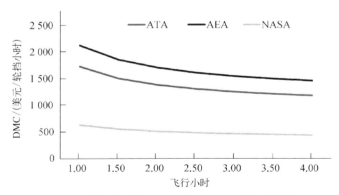

图 4.8　参数法估算 DMC 值随飞行时间变化趋势

　　从图 4.8 中可以看出，虽然三种方法估算出的 DMC 值有所差异，但 DMC 的总体趋势均是随着飞行时间的增加而降低的。

4.4.2 类比法

1. 类比法简介

类比法是通过与过去类似的工程项目进行比较，并根据经验加以修正而得出费用估计的一种方法。如果新研制飞机的功能、结构及性能与某个现役飞机相类似，则可利用现役飞机的费用数据，并考虑到新飞机与现役飞机的差异予以相应的修正，从而得出新飞机费用。

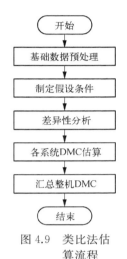

图 4.9　类比法估算流程

类比法除了用于现有飞机改进与改型项目估算较为准确外，一般用于新飞机项目的早期阶段（预发展阶段）。在预发展阶段，已获得大量竞争机型 DMC 数据时，可根据竞争机型比较得到新机型的 DMC 目标值。

2. 类比法估算流程

类比法估算流程如图 4.9 所示。

1）基础数据预处理

在应用时，通过直接比较竞争机型的 DMC 数值提出更具竞争力的新机 DMC 目标值。在比较过程中，一方面要注意新型飞机本身的特点，如座级、重量、平均航段时间、年利用率、维修性水平、技术水平以及可能采用的技术等；另一方面则要注意 DMC 数据的预处理。采集来的 DMC 数据一般会在统计年份、计算条件上存在差异，只有经过预处理，不同数据统一到相同条件下才能作比较。预处理时主要考虑两个方面：一是消除时间对成本的影响；二是消除人工工时费率对成本的影响。时间对成本的影响主要是由通货膨胀引起的，消除这种影响可根据表 4.7 所示的方法处理。人工工时费率对成本的影响主要是由地域差异不同引起的，消除这种影响可根据式（4-14）处理，注意这个公式的前提条件：人工工时费和人工工时费率是已知的。

$$基准人工工时费 = 当地人工工时费 \times (基准人工工时费率 / 当地人工工时费率) \tag{4-14}$$

表 4.7　消除时间对成本数据的影响

已知条件	预 处 理 公 式	备 注
仅整机 DMC 数值已知	基准年份成本 = 当前年份成本/基准年份物价指数 × 当前年份物价指数	物价指数采用美国劳工部公布的 SIC3271 指数
已知人工工时费和材料费，但人工工时费率未知	基准年份人工工时费 = 当前年份人工工时费/当前年份维修工人平均工资指数 × 基准年份平均工资指数 基准年份材料费 = 当前年份材料费/基准年份物价指数 × 当前年份物价指数	平均工资增长指数采用美国劳工部公布的维修工人平均工资增长指数；物价指数采用美国劳工部公布的 SIC3271 指数

已知条件	预 处 理 公 式	备　注
已知人工工时费和材料费与人工工时费率	基准年份人工工时费＝当前年份人工工时数×基准年份人工工时费率 基准年份材料费＝当前年份材料费/基准年份物价指数×当前年份物价指数	物价指数采用美国劳工部公布的 SIC3271 指数

2）制定假设条件

DMC 与飞机的使用环境、使用方式等因素关联密切，不同的航线长度、日利用率等因素会造成 DMC 的巨大差异。假设条件主要用于统一各机型的相关数据计算基础，在统一的环境中进行对比分析，在具体应用中，需要制定的假设条件主要包括典型航段长度、轮挡时间、飞机利用率、货币汇率、工时费率等。

3）差异性分析

主要针对各机型的主要 ATA 章节的设计差异，从系统的性能指标、可靠性指标、维修性指标等方面进行对比分析，可以定性确定出新研机型 DMC 与对比机型之间关系。

4）各系统 DMC 估算

在统一的假设条件下，选择对比机型进行计算，根据各机型间的系统差异分析，调节各系统的 DMC 计算结果。

5）汇总整机 DMC

在完成各系统 DMC 估算后，在整机层面进行汇总计算，汇总时要注意各系统的 DMC 分摊比例，以及发动机与机体的分摊比例，需要符合国际上通用的经验值，避免出现较大的误差，造成后续的 DMC 分配难以实现。

3. 类比法案例

某公司启动一型号飞机的研制（以下简称飞机 C），该型号在研发初期，参考竞争机型为国际上销量较好的两型飞机（以下称飞机 A、飞机 B）。

1）假设条件

DMC 与飞机的使用环境、使用方式等因素关联密切，不同的航线长度、日利用率等因素会造成 DMC 的巨大差异。根据调研数据分析确定的飞机市场目标和要求，飞机 C 的 DMC 有关假设条件如下。

（1）经济性比同类竞争飞机优越，座公里成本比同类竞争飞机低 5%。

① 飞机的维修成本不能超过飞机 A 和飞机 B 的维修成本；

② MTTR 小于飞机 A 和飞机 B；

③ 典型航段长度 600 km；

④ 典型 600 km 航段轮挡时间 85 分钟；

⑤ 飞机年利用率 2 600 FH，2 600 FC；

⑥ 飞机生命 60 000 FH,60 000 FC,20 年;

⑦ 按照 3×(4 800 FH/4 800 FC)=14 400 FH/14 400 FC 为周期,将维修成本累积并平均到 FH/FC;

⑧ 美元与人民币汇率按 $1=RMB 6.7;

⑨ 每飞行小时维修工时(MMH/FH)不大于 1.0 MMH/FH;

⑩ 快速更换发动机时间(QEC)6 小时,8 人。

(2) 维修周期假设如表 4.8 所示。

表 4.8　飞机 C 维修间隔周期

检查等级	检查项目	检查间隔
航线检查	日检	24 小时
	周检	7 天
周期检查	航线维修项目的建议间隔目标值	600 FH
	基地级维修项目建议其间隔的目标值	4 800 FH/4 800 FC
FD 项目	首次	24 000 FC
	重复检查间隔	14 400 FC
ED 项目	首次	96 个月
	重复检查间隔	60 个月

(3) 整机维修性指标假设如表 4.9 所示。

表 4.9　飞机 C 整机维修性指标

类型	参数	EIS 设计值	备注
整机	平均修复时间(MTTR)	0.43 小时	航线级
	每飞行小时维修工时(MMH/FH)	1.0 MMH/FH	包括计划和非计划维修工时
发动机	快速更换发动机时间(单发)	6 小时,8 人	按 8 名技术人员参加,备发已准备好,从拆下到安装,并达到发动机可开车状态的时间

(4) DMC 构成假设

按照行业惯例,将全机的 DMC 分解为机体维修成本与发动机维修成本两大部分,机体维修成本又进一步细分为机体人工费与机体材料费,发动机维修成本又进一步细分为发动机人工费与发动机材料费,如表 4.10 所示。

表 4.10　飞机 C 直接维修成本构成

全机 DMC			
机体维修成本		发动机维修成本	
机体人工费	机体材料费	发动机人工费	发动机材料费

（5）人工费率假设

其中，机体维修人工费与发动机维修人工费的小时费率，由于世界各地经济发展不平衡，因此各航空公司之间都有差异，可暂按下列数据：

① 机体维修工时费率：24 美元/人工时；

② 发动机维修工时费率：80 美元/人工时。

（6）运行时期假设

一般来说，新飞机刚投入航线运营时，保修期内的维修由制造商承担大部分成本，因此对于航空公司，该期间内维修成本相应较低；而对于老旧飞机，由于服役时间过长，维修成本大幅增加。因此对飞机 C 进行 DMC 计算分析应按照成熟期为准。

2）竞争机型的 DMC 数据

根据市场获得的相关资料，飞机 A 的机队平均机龄为 20 年，平均 DMC 为 850 美元/轮挡小时；飞机 B 机队平均机龄 6 年，平均 DMC 为 550 美元/轮挡小时。

飞机 A 和飞机 B 的 DMC 初步分解，通常人工成本与材料成本之比为 1∶4，计算如下。

每飞行小时总人工成本：飞机 A 为 850 美元×20%＝170 美元/飞行小时；飞机 B 为 550 美元×20%＝110 美元/飞行小时。

每飞行小时总维修材料成本：飞机 A 为 850 美元×80%＝680 美元/飞行小时；飞机 B 为 550 美元×80%＝440 美元/飞行小时。

上述指标进一步分解如下。

每飞行小时的机体 DMC 占全机 DMC 的 55%，飞机 A 为 468 美元，飞机 B 为 303 美元。其中：

每飞行小时的机体维修人工成本：飞机 A 为 94 美元/飞行小时，飞机 B 为 61 美元/飞行小时；

每飞行小时的机体维修材料成本：飞机 A 为 374 美元/飞行小时，飞机 B 为 242 美元/飞行小时。

每飞行小时的发动机 DMC 占全机 DMC 的 45%，飞机 A 为 382 美元，飞机 B 为 247 美元。其中：

每飞行小时的发动机维修人工成本：飞机 A 为 76 美元/飞行小时，飞机 B 为 49 美元/飞行小时；

每飞行小时的发动机维修材料成本：飞机 A 为 306 美元/飞行小时，飞机 B 为 198 美元/飞行小时。

竞争机型按系统将 DMC 指标进行分解，分解结果见表 4.11。

表 4.11　竞争机型 DMC 系统占比

系　　统	DMC/美元		占全机 DMC 百分比	
	飞机 A	飞机 B	飞机 A	飞机 B
发动机	382	247	45 %	45 %
航电系统	60	50	7 %	9 %
机电系统	170	93	20 %	17 %
起落架	60	50	7 %	9 %
飞控系统	50	38	6 %	7 %
总　　体	43	28	5 %	5 %
结　　构	85	44	10 %	8 %

3）飞机 C 的差异对比

（1）全机尺寸方面

三型飞机均为双发飞机,采用同样的上单翼布局。这不仅有利于发动机布置,而且机身离地面距离小有利于货物装载,上单翼干扰阻力也较小,同时有利于短距起降时减小地效,减小撞地时的油箱破坏着火。均采用气动干扰小,操纵效率高的 T 形尾翼,均采用前三点式起落架,刹车力在重心之后,稳定性、操作性好,着陆时能产生有利的低头力矩,机身和客舱地板与地面水平,舒适性好,同时飞行员可以获得更好的视界。三型飞机的全机尺寸见表 4.12。

表 4.12　飞机 C 与飞机 A 和飞机 B 全机尺寸对比

项　　目	飞机 A	飞机 B	飞机 C
全机长/m	27	33	32
全机高/m	8	8	8
翼展/m	27	28	28

由表 4.12 可知,飞机 C 的全机尺寸介于飞机 A 与飞机 B 之间,其中全机长和全机高相对接近飞机 B,翼展相对接近飞机 A。全机尺寸主要影响飞机重量,而飞机重量是影响 DMC 的主要因素之一,但从全机尺寸考虑,飞机 C 的 DMC 应该处于飞机 A 和飞机 B 之间。

（2）动力装置方面

三个型号的发动机属于同一厂商的同一系列产品,功率有所不同,见表 4.13。

表 4.13　动力装置比较

项　　目	飞机 A	飞机 B	飞机 C
发动机型号	XX100	XX200	XX200 M
数量	2	2	2
单发最大起飞推力/kN	30	50	48
大修周期	7 000 FH/FC	10 000 FH/FC	12 000 FH/FC

飞机 C 采用的发动机大修周期为 12 000 FH/FC,相比飞机 A 的 6 000 FH/FC 和飞机 B 的 8 000 FH/FC 有了大幅提高,其原因是飞机 C 采用的是更为先进的技术,带来更长的修理间隔,从而会导致维修成本大幅下降。相比飞机 A 的 382 美元和飞机 B 的 247 美元,根据大修周期对比及考虑到飞机 C 的发动机与飞机 B 较为类似,综合计算得出发动机的 DMC 为 200 美元/飞行小时。

(3) 航电系统方面

三种型号的飞机均采用两人驾驶体制。飞机 A 航电系统采用分立式仪表系统。飞机 B 采用两个主飞行显示器、两个多功能显示器和一个发动机和警告显示器,飞机 C 采用集成度更高的综合显示系统,使驾驶舱更加简洁,减小飞行员负担,体现了技术先进性。如图 4.10～图 4.12 所示。

图 4.10　飞机 A 驾驶舱

图 4.11　飞机 B 驾驶舱

图 4.12　飞机 C 驾驶舱

　　飞机 C 采用的航电系统从维修性和可靠性角度都更优于飞机 A 和飞机 B,其 DMC 相应地应有所下降,预计为 30 美元/飞行小时。

　　(4) 机电系统方面

　　由于机电系统较为复杂,附件众多,会产生较多维修任务,维修任务覆盖航线和顶尖各个阶段,飞机 C 的机电系统拟以成熟度较高的货架产品为主,稍作适用性改进,整机可靠性相比竞争机型要高,其 DMC 也相应降低,预计 DMC 目标值为 70 美元/飞行小时。

　　(5) 起落架系统方面

　　飞机 A 采用的是前三点式机身起落架,飞机 B 采用的是前三点式机翼起落架,飞机 C 拟采用结构紧凑的前三点式机身起落架,与飞机 A 类似,不过采用了可靠性更高的作动系统和结构,相比飞机 A 和飞机 B,其 DMC 也相应有所下降,预计 DMC 为 30 美元/飞行小时。

　　(6) 飞控系统方面

　　飞机 A 和飞机 B 均为传统的机械传动方式控制舵面,而飞机 C 拟采用更加先进的电传方式,见图 4.13。电传控制系统虽然其购置成本比传统拉杆或钢索传动方式贵,但由于其系统集成性高,可靠性高,其维修成本传统方式要低廉,相比飞机 A 和飞机 B,飞机 C 飞控系统的 DMC 预计为 20 美元/飞行小时。

　　(7) 总体方面

　　三个型号的总体维修工作差别不大,一般以目视检查项目为主,或者借助少量通用工具就能完成维修工作,其维修成本以人力工时为主,在整个维修成本中的占比也较小,约为 5%,由于飞机 C 的整机可靠性增加,维修周期更长,因此 DMC 相比更少,飞机 C 的总体维修成本预计为 20 美元/飞行小时。

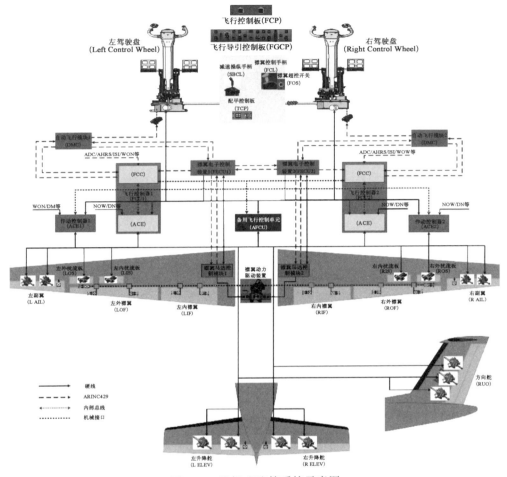

图 4.13　飞机 C 飞控系统示意图

（8）结构方面

相比飞机 A 和飞机 B 的结构设计，飞机 C 采用了更大的空间，更合理的机身截面，更大的气密空间，同时使用更多的复合材料，这在带来更好的舒适性的同时，也导致飞机更重，阻力更大，增加了维修成本，预计飞机 C 的结构维修成本与飞机 A 持平，为 85 美元/飞行小时，如图 4.14～图 4.16 所示。

图 4.14　飞机 A 气密舱划分示意图

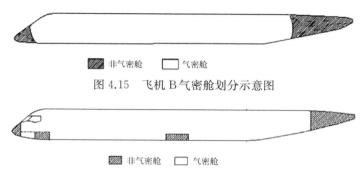

图 4.15 飞机 B 气密舱划分示意图

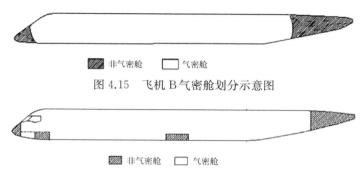

图 4.16 飞机 C 密封舱划分示意图

4）整机 DMC 估算结果

综上所述，飞机 C 的整机 DMC 目标值为 455 美元/飞行小时，比竞争机型更有优势。分解如表 4.14 所示。

表 4.14 飞机 C 的 DMC 目标值及占比情况

系 统	DMC/美元			占全机 DMC 的百分比		
	飞机 A	飞机 B	飞机 C	飞机 A	飞机 B	飞机 C
发动机	382	247	**200**	45%	45%	**44%**
航电系统	60	50	**30**	7%	9%	**7%**
机电系统	170	93	**70**	20%	17%	**15%**
起落架	60	50	**30**	7%	9%	**6%**
飞控系统	50	38	**20**	6%	7%	**4%**
总体	43	28	**20**	5%	5%	**4%**
结构	85	44	**85**	10%	8%	**20%**
合计	850	550	**455**	100%	100%	**100%**

4.4.3 工程估算法

1. 工程估算法简介

相对于参数法和类比法从上到下整体估算费用而言，工程估算法则是利用工作分解结构自下而上地估算整体费用。

应用工程估算法必须先建立该项目的工作分解结构，逐步计算出单元费用数据，逐级向上归集，最后估算出整个项目的总费用。也就是说，工程估算法将总系统费用分解为许多项目细节，这些细节费用通过费用方程联系起来，可以详细反映这些细节在研制、生产、使用维修和保障中的相互作用，其反映的因果关系与实际情况更加接近，因此它可以反映当实际情况偏离过去情况时的真实情况。

工程估算法具有如下优点：

(1) 结果准确；

(2) 能对竞争的各个方案研究其费用差异；

(3) 允许进行详细的模拟和灵敏度分析；

(4) 对于使用保障费用的估算有其明显优势。

工程估算法的主要缺点表现在：

(1) 过程复杂且对数据要求高；

(2) 估算结果很难进行评价与鉴定。

飞机费用的不同分析方法在实际应用中互相补充地成为一个有机整体。在不同的阶段对费用进行估算，得到的信息量不同，考虑的因素有差异，采用的估算方法就不同。此外，在整个费用估算过程中必须遵循迭代的原则，即随着方案或设计的改进，不断更新完善相应数据。

2. 工程估算法估算流程

工程估算法估算流程如图 4.17 所示。

1) 维修工程分析

根据飞机设计结果，开展 LSA，包括 MSG - 3 分析、MTA 分析、LORA 分析等，从而产生全机维修任务。

2) 建立估算模型

由于全机的维修任务多达数千项，人工统计极为烦琐，为降低统计工作量，需要建立自下而上的数学统计分析模型。同时可以借助模型优势减少人为错误，提高计算精度及效率。

3) 评估各维修任务的 DMC

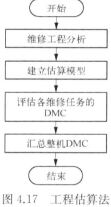

图 4.17　工程估算法
估算流程

根据每个维修任务的具体情况以及维修大纲规定的维修周期，评估其消耗的备件、耗材、维修过程中的工时及返厂修理费用等，计算该任务发生的材料费、人工费及返厂修理费，评估其 DMC。

4) 汇总整机 DMC

在完成所有维修任务的 DMC 评估后，将所有数据输入估算模型，进行自下而上的汇总计算，即可得出整机的 DMC。

第 5 章　DMC 分配

5.1　DMC 分配概述

5.1.1　DMC 分配的必要性

维修成本问题是现代民用飞机研制和运营整个全生命周期中必须面对的客观问题,如果解决不当,不仅会带来大量研制经费的浪费,同时将导致民用飞机市场竞争力的丧失[13]。因此,必须通过设计阶段合理的维修成本控制手段,结合使用阶段良好的运营管理措施,才能达到预期的最佳维修成本水平。

维修成本指标是飞机经济性设计的重要依据,必须将整机维修成本指标进行合理分配,才能保证面向成本的设计合理、满足预期要求,这主要体现在以下三个方面:

(1) 现代民用飞机上机载设备繁多、集成度高,研制周期长,主制造商与供应商之间的协作量大,各阶段任务研制及整机集成都需要各研制单位在设计之初就明确可行、合理优化的维修成本设计指标;

(2) 影响维修成本指标的因素众多,涵盖多个方面,需要针对各个层次提出明确指标;

(3) 维修成本指标分配不仅规避了整机集成时才考虑飞机维修成本控制带来的成本和风险,而且使得维修成本出现问题时能够反向追溯问题来源,快速解决问题,同时有利于各层次产品维修成本指标的考核评价,从根本上提高飞机维修经济性水平,从而确保了飞机的市场竞争力。

综上所述,必须明确民用飞机维修经济性设计应该包含的各个方面,明确自上而下的维修成本设计指标,通过各个环节协同合作,将整机维修经济性指标分配至具体可实施的指标,以共同完成整机维修经济性要求,这一过程就称为 DMC 分配。

5.1.2　DMC 分配的意义

DMC 分配是指,把飞机的 DMC 目标值逐级分配给系统、子系统或部件,其主要目的是通过分配各层次产品的 DMC 指标,使各层次产品设计人员明确其设计要求,并研究实现这些要求的可能性及办法。

DMC 分配的结果也通常作为约束供应商的一个重要指标,因为现代飞机大都采用了系统集成的方式,一架飞机有许多不同的供应商,为了从整体上控制 DMC,必须使这些供应商对所提供系统的 DMC 作出担保,以便促使其在设计过程中控制维修成本。

由于维修成本分配属于早期工作,在某种程度上决定了民用飞机设计是否能够取得商业成功。在实际型号研制中,维修成本分配的一个合理化方案有助于达到民用飞机设计的维修经济性目标。

当整机维修成本值确定后,必须分配给系统、子系统、零部件以及其中的各元素,这样在产品设计时就能明确各层次产品的维修成本设计指标,并将分配的指标纳入相应的设计要求或设计规范,作为设计和验收的依据。

DMC 指标作为一个重要参数指标贯穿于现代民用飞机的设计、研制、生产和使用的整个过程中。DMC 分配作为方案论证与设计初期阶段不可缺少的过程,在很大程度上决定了民用飞机固有经济性。

5.1.3　DMC 分配研究内容

DMC 分配是产品设计研制阶段一项非常重要的维修经济性工作,它通过对 DMC 整机目标值进行分解,用科学、合理的方法,分配给产品的各系统、子系统、工作包及功能部件,从而实现其预定的维修成本设计目标,它本质上是一个工程决策问题,也是一个多因素综合评判的过程。

当前民用飞机研制广泛采用"主制造商-供应商"管理模式,即主制造商采用集中自身主要资源从事最具技术核心和价值核心的市场研究、总体设计、总装集成和客户服务环节,将技术难度和价值含量相对较低的部件级(系统件、结构件、标准件)工作包以招投标的形式,在全球范围内选取具备一流技术、管理能力的航空产品供应商完成相关产品的研制生产工作,这样就可以有效地降低研发成本和项目风险,并可使主制造商与供应商共同承担资金风险和技术风险。

为此,现代民用飞机研制中的 DMC 分配往往需要将 DMC 指标分配到工作包,不同型号飞机工作包的内容可能不同,表 5.1 所示为某型号飞机部分工作包内容,工程研制中需要根据工作包的具体产品内容进行指标分配,从而可以据此开展供应商选择及供应商产品维修成本控制工作。

表 5.1　某型号飞机部分工作包内容

系 统 名 称	工作包名称	系 统 名 称	工作包名称
动力装置系统	动力装置	飞控系统	主飞控系统作动器
	自动油门台		主飞控系统计算机
	接口控制		高升力系统
航电系统	通信和导航系统		主飞控驾驶舱
	综合监视系统	起落架系统	起落架系统
	核心处理系统		机轮及刹车系统
	显示系统	环控系统	空气管理系统
	机载维护和飞行记录		结冰探测和风挡除雨
	大气数据和惯导		排雨系统
	客舱核心	电源系统	发电系统
	外部通信		配电系统
	客舱娱乐		冲压涡轮

DMC 分配工作包含将 DMC 指标从上一个级别的指标分解到下一个级别,并在每个级别上分解成原位人工时费、原位材料费和离位维修费。

DMC 分配主要分为三个级别:系统级、子系统级和部件级[14]。系统级是指将整机目标分解到各个 ATA 章节,并得到每个 ATA 章节的原位人工时费、原位材料费和离位维修费;子系统级是指将系统 DMC 指标分配到不同子系统,得到子系统的原位人工时费、原位材料费和离位维修费;部件级是指将子系统的离位维修费分摊到不同的部件上。不同级别上的分配都是将一个大的指标分解为若干个小的指标,使用的方法基本相同。

5.2　DMC 分配流程

飞机设计阶段的 DMC 分析工作主要包含 DMC 整机目标值确定、DMC 分配和 DMC 预计,实际开展 DMC 分析工作时必须将其与飞机设计工作、市场工作以及客户服务工作同步协调进行,全面规划、统筹安排,整个 DMC 分析工作需要不断迭代,逐步达到最优。DMC 分配的具体流程如图 5.1 所示,具体内容解释如下。

(1) 整机 DMC 目标值的高低直接影响着后续分配工作的准确性,所以这一步非常重要。首先应该充分了解市场情况和竞争机型情况;然后由设计部门、客户服务部门和市场部门共同协商,确定在某个给定条件下指标的大小。

(2) 为了便于各系统的详细设计和外部采购,应将整机指标按照 ATA 章节分配到系统/工作包,并将系统/工作包指标分解为人工时费和材料费,以及原位维修

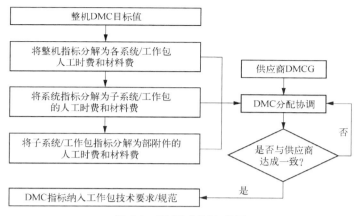

图 5.1　DMC 分配流程图

和离位维修的 DMC 指标。

（3）为了更好地控制系统、子系统及工作包的 DMC 指标，在设计时要详细了解系统中每个子系统/工作包或部附件的 DMC 大小。

（4）各层级的 DMC 指标确定后，结合供应商的 DMC 担保值（DMCG）进行指标协调，若与供应商达成一致，则将相应指标纳入工作包技术要求或规范中，否则需重新协调分配指标，当某系统、子系统或工作包的设计无法满足预定目标时，其剩余目标必须被其他系统、子系统或工作包吸收，以确保整机目标值满足要求。

5.3　DMC 分配方法及案例

5.3.1　相似分配法

1. 方法介绍

相似分配法是利用类似机型的成本统计规律进行分配的方法。

（1）当存在一种类似机型数据时：

$$\text{DMC}_{i新} = \text{DMC}_{新} \times \frac{\text{DMC}_{i旧}}{\text{DMC}_{旧}} \tag{5-1}$$

其中，i 指第 i 个分类项目；$\text{DMC}_{i新}$ 指新机第 i 分类项目的成本值；$\text{DMC}_{i旧}$ 指类似机型第 i 个分类项目的成本值；$\text{DMC}_{新}$ 指新机的待分配成本值；$\text{DMC}_{旧}$ 指类似机型 i 个分类项目的成本和。

（2）当存在多种类似机型数据时：

$$\bar{\eta} = \sum_{i=1}^{n} \eta_i \alpha_i \tag{5-2}$$

$$\alpha_i = \frac{A_i B_i}{\sum A_i B_i} \tag{5-3}$$

其中,η 表示综合权衡多种结果之后的值;η_i 表示根据第 i 种类似机型数据利用式 (5-1) 计算的新机某个成本项目的分配值;α_i 表示给予第 i 种类似机型数据的权重, 由数据来源的相对可信度 A_i 和机型之间的相对相似度 B_i 决定,$0 < A_i$,$B_i \leqslant 1$。

相对可信度 A_i 和相对可信度 B_i 的确定可以使用一对一比较法。这种方法是将数据来源(机型)排成图表,然后一个对另一个的可信度(相似度)进行对比。采用 $0 \sim 4$ 分制,即在比较两个数据来源(机型)时,分数总和为 4。非常可信(相似)的可打 4 分, 对方打 0 分;比较可信(相似)的打 3 分,对方打 1 分;同等可信(相似)的双方均打 2 分。

设有 n 个数据来源(机型),来源 i 对来源 j 的可信度为 f_{ij},则可信度(相似度)评分矩阵为

$$\begin{bmatrix} f_{11} & f_{12} & \cdots & f_{1n} \\ f_{21} & f_{22} & \cdots & f_{2n} \\ \vdots & \vdots & \cdots & \vdots \\ f_{n1} & f_{n2} & \cdots & f_{nn} \end{bmatrix}$$

其中,$f_{ij} = 0$,1,2,3,4;$f_{ji} = 4 - f_{ij}$。

相对可信度 A_i 和相对相似度 B_i 表示如下:

$$A_i (\text{或} B_i) = \frac{\sum_{j=1}^{n} f_{ij}}{\sum_{i=1}^{n} \sum_{j=1}^{n} f_{ij}} \tag{5-4}$$

在 DMC 值分配的过程中,常常根据系统和设备供应商提出的 DMCG 对 DMC 指标的分配结果进行修正,公式如下:

$$\text{DMC}_{i初修} = \text{Min}(\text{DMC}_{i设}, \text{DMC}_{i分}) \tag{5-5}$$

其中,i 指第 i 个分类项目;$\text{DMC}_{i初修}$ 指第 i 个分类项目初步修正之后的 DMC 值; $\text{DMC}_{i设}$ 指第 i 个分类项目(系统或部件)的 DMC 设计值(包括供应商产品的设计担保值);$\text{DMC}_{i分}$ 指第 i 个分类项目的 DMC 分配值。

对于第 i 个分类项目,初步修正后的 DMC 值为设计值和 DMC 指标分配结果中的小者。当 $\text{DMC}_{i设}$ 大于 $\text{DMC}_{i分}$ 时,理论上意味着此项目的设计不满足要求,需进一步改进,以使其 DMC 设计值与分配值相符,实际操作时需要进行投入产出的综合分析,而后确定是否需要改进设计或者调整分配值;当 $\text{DMC}_{i设}$ 小于 $\text{DMC}_{i分}$ 时,意味着此项目的设计优于预期的设计,因此可将分配的 DMC 值调整为设计值 (或供应商的担保值)。

当项目的设计值(供应商的 DMCG)大于 DMC_i 分配值时,成本工程师和设计工程师需要共同商讨确定项目的 DMC 值,最终确定的 DMC 指标值将作为修正的最终值 $DMC_{i修}$,由设计工程师(或供应商)来实现,成本工程师则需对达标情况进行审查,以确保新型飞机的经济性。

2. 计算案例

1)整机级分配方法

(1)分配要求

整机级 DMC 分配通常将整机 DMC 目标值分为机体和动力装置两部分,再分别将机体和动力装置的 DMC 指标分解为人工时费(包含原位和离位人工时费)和材料费(包含原位和离位材料费),具体如表 5.2 所示。

表 5.2　整机级分配表格　　　　　　　　　　单位:美元/飞行小时

机　体	人工时费			材　料　费			机体 DMC
	原位	离位	合计	原位	离位	合计	

动力装置	人工时费			材　料　费			动力装置 DMC
	原位	离位	合计	原位	离位	合计	

(2)主要方法

整机级 DMC 分配分为三个步骤:

第一步将整机 DMC 目标值分为机体和动力装置两部分;

第二步将机体和动力装置的 DMC 指标分别分解为人工时费和材料费;

第三步将人工时费和材料费指标分别分解为原位维修费和离位维修费。

三个步骤的分配主要使用相似分配法,即利用类似机型的成本统计规律进行分配。

(3)适用性

以上方法适用于类似机型成本数据已知的情况。一般情况下,通过对航空公司调研,这些成本数据是可以收集到的。

(4)案例

假设某机型整机 DMC 目标值为 400 美元/飞行小时,已知其四种类似机型的机体和动力装置分配百分比(表 5.3)及人工时费和材料费百分比(表 5.4),数据来源的相对可信度矩阵为 A,机型相对相似度矩阵为 B。

$$A = \begin{bmatrix} 2 & 1 & 1 & 0 \\ 3 & 2 & 2 & 1 \\ 3 & 2 & 2 & 1 \\ 4 & 3 & 3 & 2 \end{bmatrix}, \quad B = \begin{bmatrix} 2 & 2 & 2 & 0 \\ 2 & 2 & 2 & 0 \\ 2 & 2 & 2 & 0 \\ 4 & 4 & 4 & 2 \end{bmatrix}$$

求此机型机体和动力装置的 DMC 指标。

表 5.3 四种类似机型的机体和动力装置分配百分比

类似机型	机型 1	机型 2	机型 3	机型 4
机 体	58.76%	57.78%	58.03%	61.02%
动力装置	41.24%	42.22%	41.97%	38.98%
合 计	100%	100%	100%	100%

表 5.4(a) 人工时费和材料费百分比

机体 DMC 百分比	机型 1	机型 2	机型 3	机型 4
人工时费	61.70%	63.79%	53%	54.94%
材料费	38.30%	36.21%	47%	45.06%
合 计	100%	100%	100%	100%

表 5.4(b) 动力装置人工时费和材料费百分比

动力装置 DMC 百分比	机型 1	机型 2	机型 3	机型 4
人工时费	29.39%	21.66%	21.35%	24.13%
材料费	70.61%	78.34%	78.65%	75.87%
合 计	100%	100%	100%	100%

根据相对可信度矩阵和相对相似度矩阵求得四种类似机型的相对可信度和相对相似度如下：

$$A_i = \frac{4}{32}, \frac{8}{32}, \frac{8}{32}, \frac{12}{32}$$

$$B_i = \frac{6}{32}, \frac{6}{32}, \frac{6}{32}, \frac{14}{32}$$

$$\alpha_i = \frac{24}{288}, \frac{48}{288}, \frac{48}{288}, \frac{168}{288}$$

根据表 5.3 列出的类似机型数据，应用式(5-1)～式(5-3)，可进行如下计算。

机体 DMC 指标 $\bar{\eta}$：

$$\bar{\eta} = \sum_{i=1}^{n} \eta_i\, \alpha_i$$

$$= \left[\left(58.76\% \times \frac{24}{288} \right) + \left(57.78\% \times \frac{48}{288} \right) \right.$$

$$\left. + \left(58.03\% \times \frac{48}{288} \right) + \left(61.02\% \times \frac{168}{288} \right) \right] \times 400$$

$$= 239.17（美元／飞行小时）$$

动力装置 DMC 指标 $400 - \bar{\eta} = 400 - 239.17 = 160.83$（美元／飞行小时）。

根据表 5.4(a) 列出的人工时费和材料费百分比，使用同样的方法计算得出如下结果，如表 5.5 所示。

表 5.5　某型号飞机人工时费和材料费

DMC 指标	机　　体	动 力 装 置
人工时费	135.50	38.10
材料费	103.67	122.73
合　计	239.17	160.83

根据类似机型原位、离位 DMC 百分比/指标，使用相同的方法可以计算出某型号飞机的原位、离位 DMC 指标值。

2）系统级分配方法

（1）分配要求

系统级的分配主要是指机体系统的分配，即将机体 DMC 指标分配到各个 ATA 章节，得到每个 ATA 章节的原位人工时费、原位材料费、离位人工时费和离位材料费。具体如表 5.6 所示。

表 5.6　系统级分配表格　　　　　单位：美元/飞行小时

ATA 章节	名　　　称	系统人工时费			系统材料费			系统 DMC
		原位	离位	合计	原位	离位	合计	
5	维修检查							
21	空调							
……	……							
49	辅助动力装置							
50	标准施工/结构							
……	……							
57	机翼							
合　计								

（2）主要方法

系统级分配可以根据表 5.2 的结果按照以下三个步骤进行：

第一步将机体人工时费和材料费指标分别分配到 ATA 章节，并求出每个系统的 DMC；

第二步将机体原位人工时费和离位材料费分配到 ATA 章节（这样分配是因为系统的原位人工时费和离位材料费数据比较容易获得）；

第三步根据每个系统的总人工时费和原位人工时费求离位人工时费；根据每个系统的总材料费和离位材料费求原位材料费。

在前两步的具体分配过程中，采用相似分配法。采用此方法时，式（5-1）中的 i 在第一步分配中表示每个系统的人工时费或材料费。

在第二步分配中表示每个系统的原位人工时费或离位材料费。另外，第一步中求系统 DMC 的方法是将分配到的系统人工时费和材料费相加。

第三步分配采用减法计算，每个系统的总人工时费减去原位人工时费得离位人工时费，每个系统的总材料费减去离位材料费得原位材料费。

（3）适用性

以上方法适用于类似机型成本数据已知的情况。一般情况下，通过对航空公司调研，这些成本数据是可以收集到的。

（4）案例

假设某机型机体系统 DMC 指标为 239.17 美元/飞行小时，已知四种类似机型机体系统 DMC 指标百分比（表 5.7），数据来源的可信度和矩阵为 A，机型相对相似度矩阵为 B。

$$A = \begin{bmatrix} 2 & 1 & 1 & 0 \\ 3 & 2 & 2 & 1 \\ 3 & 2 & 2 & 1 \\ 4 & 3 & 3 & 2 \end{bmatrix}, \quad B = \begin{bmatrix} 2 & 2 & 2 & 0 \\ 2 & 2 & 2 & 0 \\ 2 & 2 & 2 & 0 \\ 4 & 4 & 4 & 2 \end{bmatrix}$$

求此机型机体各系统的 DMC 指标。

表 5.7　四种类似机型各系统指标百分比

ATA	项　　目	机型 1	机型 2	机型 3	机型 4
21	空调	2.573%	5.225%	4.470%	5.434%
22	自动飞行	1.038%	1.091%	2.690%	6.719%
23	通信	2.008%	1.199%	1.490%	2.550%
24	电源	3.008%	4.578%	3.580%	2.602%
25	内饰/设备	16.578%	12.047%	11.930%	17.186%

续　表

ATA	项　　目	机型 1	机型 2	机型 3	机型 4
26	防火	0.460%	0.438%	0.600%	0.591%
27	飞行操纵	4.335%	10.969%	7.160%	8.198%
28	燃油	0.770%	2.663%	1.430%	1.413%
29	液压	3.133%	2.394%	2.980%	2.890%
30	防冰/除雨	0.848%	1.352%	0.900%	0.586%
31	指示/记录	0.718%	0.602%	1.490%	0.735%
32	起落架	32.553%	21.779%	22.670%	16.178%
33	照明	1.935%	4.162%	2.390%	2.103%
34	导航(包括仪表)	5.263%	4.623%	8.950%	12.855%
35	氧气	0.448%	1.076%	1.190%	1.121%
36	气源	1.643%	1.704%	1.790%	0.382%
38	水/废水	0.685%	2.324%	0.300%	0.739%
49	辅助动力装置	7.650%	4.664%	8.350%	5.712%
52	舱门	2.720%	4.174%	3.400%	2.237%
53	机身	1.615%	1.722%	4.180%	2.414%
54	短舱/吊舱	2.820%	1.247%	0.240%	0.676%
55	安定面	1.148%	1.884%	1.130%	1.012%
56	窗	2.910%	4.072%	2.800%	2.755%
57	机翼	3.175%	4.013%	3.880%	2.913%
	合　　计	100%	100%	100%	100%

注：个别系统如第 5 章维修检查、第 45 章中央维护系统和第 51 章标准施工/结构数据缺失,本案例暂不考虑

根据相对可信度矩阵和相对相似度矩阵求得四种类似机型的相对可信度和相对相似度如下：

$$A_i = \frac{4}{32}, \frac{8}{32}, \frac{8}{32}, \frac{12}{32}$$

$$B_i = \frac{6}{32}, \frac{6}{32}, \frac{6}{32}, \frac{14}{32}$$

$$\alpha_i = \frac{24}{288}, \frac{48}{288}, \frac{48}{288}, \frac{168}{288}$$

根据表 5.7 列出的类似机型数据,计算得出某机型机体各系统指标值如表 5.8 所示。

表 5.8　某机型机体各系统 DMC 指标值

ATA	项　目	某机型 DMC 指标
21	空调	11.960
22	自动飞行	11.085
23	通信	5.028
24	电源	7.483
25	内饰/设备	36.831
26	防火	1.330
27	飞行操纵	19.532
28	燃油	3.758
29	液压	6.798
30	防冰/除雨	1.885
31	指示/记录	2.003
32	起落架	46.773
33	照明	5.933
34	导航(包括仪表)	24.390
35	氧气	2.557
36	气源	2.254
38	水/废水	2.214
49	辅助动力装置	14.681
52	舱门	6.684
53	机身	6.044
54	短舱/吊舱	2.096
55	安定面	2.843
56	窗	7.164
57	机翼	7.844
合　计		239.17

　　基于类似机型数据,使用相同的方法可以计算各系统人工时费、材料费及原位、离位 DMC 指标。

　　子系统级/部附件级 DMC 分配方法与系统相同,本书不再赘述。

5.3.2　功能分解法

1. 方法介绍

功能分解法来源于价值工程,本来用于 LCC 的分解,但由于维修本是 LCC

的子项目,也可以引用此法。功能分解法分为以下两个步骤。

第一步:设计功能系统图。系统(构成要素)一般都由若干子系统(要素)组成,每个子系统又由若干部附件(子子要素)组成。每一级的每一个构成要素都有自己的功能,根据系统图原理和每一级之间的功能关系设计系统功能关系系统图,其模式见图 5.2。其中,"功能领域"是指上位功能之后,存在的几个并列功能,这些并列的功能可能形成部附件。

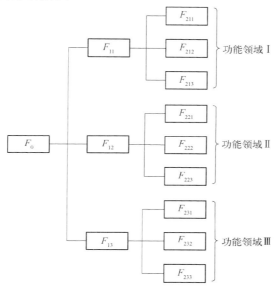

图 5.2　功能系统模式图

第二步:求子系统成本指标。根据功能系统模式图,利用重要度评价法,可以按功能层次和功能领域,依照先上层功能,后下层功能的次序,分别求出每一功能的相应成本指标。以下以系统到子系统的分配为例进行说明。

(1)确定系统每个功能的重要度系数:参见图 5.2,即确定 F_{11}、F_{12}、F_{13} 功能的重要度系数,可使用强制决定法。

(2)确定系统每个功能的成本指标:第 i 个功能的成本指标等于系统成本指标乘以第 i 个功能的平均重要度系数。

(3)确定子系统的成本指标:一般情况下,系统功能和子系统是一一对应的,第 i 个功能的成本指标就是第 i 个子系统的成本指标,但是如果不能一一对应,应该按照子系统对系统功能的实现度转换计算,公式如下:

$$C_i' = \sum_{j=1}^{m} R_{ij} C_j \qquad (5-6)$$

其中,C_i' 指子系统 i 的成本指标;C_j 指功能 j 的成本指标;R_{ij} 指子系统 i 对功能 j

的实现度。R_{ij} 表明了在所有子系统中,子系统 i 对功能 j 的实现程度,可以用一对一比较法确定。当功能 j 只有一个子系统 i 承担时,$R_{ij}=1$;当子系统 i 不承担某功能 j 时,$R_{ij}=0$。

2. 计算案例

下面以子系统级 DMC 分配为例,介绍功能分解法的应用。

1)分配要求

子系统级分配是将系统 DMC 指标分配到不同子系统,得到子系统的原位人工时费、离位人工时费、原位材料费和离位材料费。分配结束后,填写表 5.9。

表 5.9　子系统级分配表格　　　　　　　单位:美元/飞行小时

ATA 章节	名称	数量	子系统人工时费			子系统材料费			子系统 DMC
			原位	离位	合计	原位	离位	合计	
XX－XX	…	…							
XX－YY	…	…							
YY－ZZ	…	…							
合　　计									

2)主要方法

子系统级 DMC 分配与系统级 DMC 分配类似,也分为三个步骤:

第一步将系统人工时费和材料费指标分别分配到子系统,并求出每个子系统的 DMC;

第二步将系统原位人工时费和离位材料费分配到子系统;

第三步根据每个子系统的总人工时费和原位人工时费求离位人工时费;根据每个子系统的总材料费和离位材料费求原位材料费。

完成前两个步骤,需要尽量采集到子系统级的成本数据,应用相似分配法。如果确实无法得到子系统级的成本数据,可采用功能分解法。第三步分配采用减法计算,每个子系统的总人工时费减去原位人工时费得离位人工时费,每个子系统的总材料费减去离位材料费得原位材料费。

根据功能系统模式图,利用重要度评价法,可以按功能层次和功能领域,依照先上层功能,后下层功能的次序,分别求出每一功能的相应成本指标。求子系统成本指标只要完成图中的第一级分解。

求子系统成本指标分以下三步进行。

(1)确定系统每个功能的重要度系数:参见图 5.2,即确定 F_{11}、F_{12}、F_{13} 功能的重要度系数。确定重要度系数可利用强制决定法,它是把系统的同级每一评价因素排列起来,然后按功能的重要程度作一对一的比较,重要一方得 1 分,次要一方得 0 分。然后将各功能得分累计起来,再被统计的全部功能的得分总数除,得到的值就是功能重要度的评价系数,见表 5.10。为了尽可能消除由评分人之间的差异导致的重要度系数的不准确性,评分时最好由对系统熟悉的 5～15 人各自评价为宜。然后对参加者打分的结果取平均值,计算出功能重要度评价系数,见表 5.11。

表 5.10 单人功能重要度比较

功能领域	一对一比较结果					得分	功能重要度系统
	F_{11}	F_{12}	F_{13}	F_{14}	F_{15}		
F_{11}	$\times$	1	1	1	1	4	0.4
F_{12}	0	$\times$	1	0	1	2	0.2
F_{13}	0	0	$\times$	1	0	1	0.1
F_{14}	0	1	0	$\times$	1	2	0.2
F_{15}	0	0	1	0	$\times$	1	0.1
合 计						10	1

表 5.11 多人功能重要度比较

功能领域	评 价 人 员								总计得分	平均得分	功能重要度平均系数
	1	2	3	4	5	6	7	8			
F_{11}	4	4	4	4	4	4	4	4	32	4.000	0.400 0
F_{12}	2	3	3	2	3	3	1	2	19	2.375	0.237 5
F_{13}	1	1	0	1	2	0	1	1	7	0.875	0.087 5
F_{14}	2	2	3	3	1	3	4	2	20	2.500	0.250 0
F_{15}	1	0	0	0	0	0	0	1	2	0.250	0.025 0
合计	10	10	10	10	10	10	10	10	80	10	1

(2) 确定第一级每个功能的成本指标:第一级第 i 个功能的成本指标等于系统成本指标乘以第一级 i 个功能的平均重要度系数。

(3) 确定第一级每个子系统的成本指标:一般情况下,第一级功能和子系统是一一对应的,第一级第 i 个功能的成本指标就是第 i 个子系统的成本指标,但是如果不能一一对应,应该利用式(5-6)按照子系统对第一级功能的实现度进行转换计算。

3) 适用性

将系统 DMC 指标分配到各个子系统时,只要能收集到类似机型子系统的成本数据,就能使用相似分配法。如果无法获得类似机型成本数据,则使用功能分解法是比较恰当的。

4) 案例

设某系统的人工时费指标为 10 美元/飞行小时,第一级功能有五个,子系统有七个,第一级功能的平均重要度系数为表 5.11 中的数值,子系统对第一级功能的实现度如表 5.12 所示,求七个子系统的人工时费指标。

表 5.12 子系统对第一级功能的实现度表

子功能		子 系 统						
序号	名称	A	B	C	D	E	F	G
1	甲	0.8	0	0	0.2	0	0	0
2	乙	0	0.7	0.2	0.1	0	0	0
3	丙	0	0	0.8	0.1	0.1	0	0
4	丁	0	0	0	0.2	0.6	0.2	0
5	戊	0.2	0	0	0	0	0	0.8

根据表 5.11 求出每个第一级功能的人工时费指标,如表 5.13 所示。

表 5.13 系统人工时费指标按功能分解

序号	名称	平均重要度系数	人工时费指标/(美元/人工时)
1	甲	0.400 0	4.000
2	乙	0.237 5	2.375
3	丙	0.087 5	0.875
4	丁	0.250 0	2.500
5	戊	0.025 0	0.250
合 计		1	10

根据表 4.10 以及式(5-5)求出每个子系统的人工时费指标,如表 5.14 所示。

表 5.14 子系统人工时费指标

子功能			子 系 统						
序号	名称	人工时费指标	A	B	C	D	E	F	G
1	甲	4.000	3.200 0	0	0	0.800 0	0	0	0
2	乙	2.375	0	1.662 5	0.475 0	0.237 5	0	0	0
3	丙	0.875	0	0	0.700 0	0.087 5	0.087 5	0	0
4	丁	2.500	0	0	0	0.500 0	1.500 0	0.500 0	0
5	戊	0.250	0.050 0	0	0	0	0	0	0.200 0
合 计		10	3.250 0	1.662 5	1.175 0	1.625 0	1.587 5	0.500 0	0.200 0

5.3.3　改进的 DMC 分配方法

1. **方法介绍**

传统的 DMC 分配方法对数据的依赖程度非常高,需要较丰富的数据积累,而且在多种机型存在时,确定各机型的权重也会存在主观上的偏颇,使结果容易产生较大偏差。鉴于此,下面提出了一种改进的 DMC 分配算法——基于价值工程的功能分解法[15]。

功能分解法的一般思路是首先设计功能系统图,明确功能系统的逐级划分,然后按照各功能系统的功能评价值的大小进行成本分配,此方法以价值工程为基础,不需要丰富的数据积累,并追求价值的最大化。由于我国民用飞机事业起步较晚,累计经验数据不足,利用功能分解法将更加合理,而且,功能分解法是建立在价值工程理论的基础之上,考虑到民用飞机维修经济性,该种方法更加适用于成本昂贵的民用飞机维修行业。

利用价值工程理论实施成本管理具有以下特色。① 在视角上,它是从产品的功能和成本的关系上考虑问题。功能是决定成本的内在决定性因素,产品功能越强大,成本就越高;而产品功能的确定是以用户需求为前提,功能超出用户需求,将视为产品功能溢出,必然要增加不必要的成本,而成本超出功能要求的费用付出,则必须降低成本,使之与功能要求匹配。② 在成本管理范围上,它考虑的是产品生命周期成本;产品生命周期成本是用户的真实成本付出,对于用户具有更广泛的意义。③ 在方法手段上,它充分地将技术和经济结合在一起,使产品成本得到最大幅度的降低。④ 在活动过程上,它把成本控制放在事前进行,从设计方案开始,直至使用维护、报废维修的每一阶段的成本支出都要在事前考虑。

因此,民用飞机维修目标成本分配作为维修成本管理的重要步骤,在实施过程中,可以应用价值工程理论,通过确定在功能和成本达到最佳匹配时的功能评价值来间接获得进行成本分配时的成本系数,实现成本的合理分配。由价值工程原理可知,当功能和成本实现最佳匹配时,有式(5-7)成立:

$$V_i = \frac{F_i}{C_i} = 1 \tag{5-7}$$

即

$$F_i = C_i$$

其中,V_i 为功能系统 i 的价值系数;F_i 为功能系统 i 的功能评价值;C_i 为功能系统 i 的成本系数。

式(5-7)表明,当功能和成本实现最佳匹配时,功能系统 i 的成本系数与其功能评价值相等。由此可知,只要能够计算出飞机各子系统的功能评价值,便可得到功能与成本处于最佳匹配时各子系统的成本系数,从而可以确定各子系统分配的成本额。设目标成本为 A,某子系统 i 分配到的成本额为 A_i,则有

$$A_i = AC_i = AF_i \qquad (5-8)$$

由此可知,确定系统的功能评价值是成本分配这一步骤中的关键工作。

在对飞机各个系统的功能进行评价时,部分指标具有模糊性和难以量化性,评价者由于自身的主观原因(偏好、价值观念、认知程度等),使评价过程容易出现偏差,从而影响评价结果的客观性,这类问题应用模糊方法处理可具有较好的适用性。因此本书认为利用模糊综合评价方法,应用 $M(\cdot, \oplus)$ 算子,对民用飞机维修子系统功能评价是较为合理的。

模糊综合评价法(fuzzy comprehensive evaluation method)是一种基于一定的目标或标准,考虑多种因素的影响下,对事物概念内涵确定而外延不明确所导致的概念在认识方面的不确定性进行综合评价的一种方法,主要运用隶属度来表示评价对象在单个指标上的评价值。

由影响评价对象的 n 个因素构成的集合,称为因素集;如果有 n 个因素,则记为 $U = \{u_1, u_2, \cdots, u_n\}$。由作为评价标准的 m 种评判等级构成的集合,称为评判集;如评判等级有 m 个,则记为 $V = (v_1, v_2, \cdots, v_m)$。此处,$v_i$ 可用"好""重要""良"等来表示。

对 n 个因素进行评价,其模糊关系矩阵为

$$\boldsymbol{R} = \begin{bmatrix} R_1 \\ R_2 \\ \vdots \\ R_n \end{bmatrix} = \begin{bmatrix} r_{11} & r_{12} & \cdots & r_{1m} \\ r_{21} & r_{22} & \cdots & r_{2m} \\ \vdots & \vdots & & \vdots \\ r_{n1} & r_{n2} & \cdots & r_{nm} \end{bmatrix}$$

其中,m 为评判集中评价等级的数目;n 为子因素集 U_i 中因素的数目;矩阵 $\boldsymbol{R}$ 中第 i 行第 j 列元素 $r_{ij}(1 \leqslant i \leqslant n, 1 \leqslant j \leqslant m)$ 表示就子因素 U_i 而言,对第 j 级评语 V_i 的模糊关系隶属度。

设已确定 n 个因素的权重集为 $A = \{a_1, a_2, \cdots, a_n\}$,其中,$a_i > 0$ 且 $\sum_{i=1}^{n} a_i = 1$。

由模糊变换原理得 $B = (b_1, b_2, \cdots, b_m) = AR$,其中,$b_i$ 表示被评食物从整体上看对评价等级 v_i 的隶属程度。

设评判集 $V = (v_1, v_2, \cdots, v_m)$ 的各评判等级赋予权重为 $G = (g_1, g_2, \cdots, g_m)$,此处 g_i 是一个数值。则每个评价对象的评价值,可以用公式 $X = BG^{\mathrm{T}}$ 得到。最终将得到的每个评价对象的评价值进行归一化处理即能得到相应的功能评价系数,相应地也就得到成本分配系数。

2. 计算案例

设某机型,确定维修的目标成本为 340 美元/飞行小时,按照飞机系统划分标准,可将飞机系统划分为液压系统、燃油系统、飞行控制系统、空气调节系统、电子仪表装置系统。本书以此为例,讨论将目标成本分配至这 5 个一级划分系统的过程。

1) 确定因素评价体系和权重向量

根据实际调研,通过广泛征求专家意见,参考文献的相关研究,确定评价因素体系。再用德尔菲法与层次分析法结合,不考虑专家本身的权重,得到评价因素体系 U 和因素权重向量 A,如表 5.15 所示。

表 5.15　统功能指标体系

一 级 系 统	功能评价因素	权　重
液压系统 u_1	收放起落架 u_{11}	0.288
	收放襟翼、减速板 u_{12}	0.364
	操作机轮刹车及舵面偏转 u_{13}	0.348
燃油系统 u_2	储存燃油 u_{21}	0.199
	可靠地将燃油送到发动机及 APU u_{22}	0.253
	调整重心位置 u_{23}	0.287
	冷却其他附件 u_{24}	0.261
飞行控制系统 u_3	控制飞行姿态 u_{31}	0.308
	控制气动外形 u_{32}	0.326
	保证乘坐品质 u_{33}	0.366
空气调节系统 u_4	控制空气流量 u_{41}	0.237
	调节温度 u_{42}	0.305
	排除空气中过多水分 u_{43}	0.296
	将空调空气分配至座舱各出口 u_{44}	0.162
电子仪表装置系统 u_5	感知外部情况 u_{51}	0.528
	控制飞行状态核心 u_{52}	0.472

2) 确定模糊关系矩阵

针对飞机系统功能确定评判集为 $V=(v_1,v_2,v_3)=\{$很重要,较重要,一般$\}$,邀请 10 位专家进行打分,统计打分结果最终形成如下模糊关系矩阵:

$$\boldsymbol{R}_{u1}=\begin{bmatrix}0.3 & 0.4 & 0.3\\ 0.4 & 0.3 & 0.3\\ 0.3 & 0.5 & 0.2\end{bmatrix}, \quad \boldsymbol{R}_{u2}=\begin{bmatrix}0.4 & 0.2 & 0.4\\ 0.5 & 0.3 & 0.2\\ 0.4 & 0.4 & 0.2\\ 0.3 & 0.6 & 0.1\end{bmatrix}, \quad \boldsymbol{R}_{u3}=\begin{bmatrix}0.4 & 0.4 & 0.2\\ 0.5 & 0.3 & 0.2\\ 0.5 & 0.4 & 0.1\end{bmatrix}$$

$$\boldsymbol{R}_{u_4} = \begin{bmatrix} 0.4 & 0.4 & 0.2 \\ 0.6 & 0.3 & 0.1 \\ 0.4 & 0.4 & 0.2 \\ 0.2 & 0.5 & 0.3 \end{bmatrix}, \quad \boldsymbol{R}_{u_5} = \begin{bmatrix} 0.6 & 0.4 & 0 \\ 0.5 & 0.4 & 0.1 \end{bmatrix}$$

3）计算模糊综合评价结果向量

将相应因素权重和评价矩阵代入模糊评价模型中，计算各系统功能评价向量，计算结果如下。液压系统功能评价向量为

$$B_{u_1} = A_1 R_{u_1} = (0.288, 0.364, 0.348) \begin{bmatrix} 0.3 & 0.4 & 0.3 \\ 0.4 & 0.3 & 0.3 \\ 0.3 & 0.5 & 0.2 \end{bmatrix}$$

$$= (0.336\,4, 0.398\,4, 0.265\,2)$$

同理得到其他系统功能评价向量为

$$B_{u_2} = (0.399\,2, \quad 0.387\,1, \quad 0.213\,7)$$

$$B_{u_3} = (0.469\,2, \quad 0.367\,4, \quad 0.163\,4)$$

$$B_{u_4} = (0.428\,6, \quad 0.385\,7, \quad 0.185\,7)$$

$$B_{u_5} = (0.552\,8, \quad 0.400\,0, \quad 0.047\,2)$$

4）确定评价值并分配成本

设为评判集赋予权重为

$$G = (0.5, 0.3, 0.2)$$

根据公式 $X = BG^{\mathrm{T}}$ 得到各系统功能评价值为

$$X_{u_1} = 0.340\,76, \quad X_{u_2} = 0.358\,47, \quad X_{u_3} = 0.377\,5$$

$$X_{u_4} = 0.367\,15, \quad X_{u_5} = 0.405\,84$$

进行归一化处理后得到各系统功能评价系数为

$$X'_{u_1} = 0.184\,2, \quad X'_{u_2} = 0.193\,8, \quad X'_{u_3} = 0.204\,1$$

$$X'_{u_4} = 0.198\,5, \quad X'_{u_5} = 0.219\,4$$

由式（5-7）、式（5-8）可知，液压系统分配到的目标成本为 $340 \times 0.184\,2 = 62.628$ 美元/飞行小时。同理得到，燃油系统分配的目标成本为 65.892 美元/飞行小时；飞行操作系统为 69.394 美元/飞行小时；空气调节系统为 67.49 美元/飞行小时；飞机电子仪表装置为 74.596 美元/飞行小时。

在实际操作中,将上述得到的一级飞机系统分配的成本额,以上述方法进行二次分配,如可以将燃油系统的目标成本分配到更具体的油箱通气系统、加油/抽油系统、应急放油系统、供油系统、测量指示系统等,使成本逐级分解,完成分配过程。

第 6 章　DMC 预计

6.1　DMC 预计概述

6.1.1　DMC 预计的目的

民用飞机 DMC 分析与控制技术包括整机 DMC 目标值确定、分配、预计、研制阶段控制及运营阶段监控等方面内容,各板块相互补充,相互验证,是一个统一的整体,而 DMC 预计处于中心地位,是对 DMC 分配结果的验证过程,也为研制阶段 DMC 控制提供依据,见图 6.1。

DMC 预计是指通过一系列分析活动,预测飞机部件、子系统、系统以及整机的 DMC,其过程是自下而上进行的,即 Bottom to Up (B2U),针对维修任务的预计是所有预计的基础(bottom),各类维修任务有对应的预计方法,预计结果将根据 DMC 分配形式汇总,最终汇总结果形成整机的 DMC(up),该过程是 DMC 分配的反过程和验证过程。

通过 DMC 预计可以发现设计中的薄弱环节,检验维修工程分析(MEA)结果的正确性,为产品设计改进提供依据,降低维修成本,提升客户满意度,增强产品市场竞争力。

6.1.2　DMC 预计的地位与作用

DMC 预计是 DMC 分析与控制技术的中心环节,通过合理的预计模型和方法,自下而上的预计过程,对 DMC 分配结果进行验证,同时预计结果为研制阶段 DMC 控制提供依据。DMC 整机目标值是飞机的重要经济性指标之一,是运营商在选购飞机时的重要参考,通过 DMC 预计结果的汇总最终得到的准确目标值,为制造

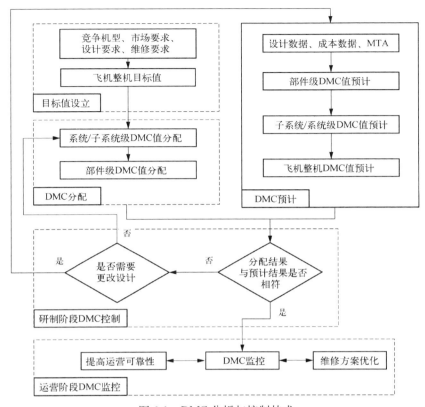

图 6.1 DMC 分析与控制技术

商和运营商提供了决策依据。

准确的 DMC 预计方法还可用于供应商管理,避免供应商提供无效的数据,转移制造商的索赔风险。DMC 预计过程伴随维修工程分析过程,在研制阶段持续时间长,工作量大,有效的预计方法不仅能够提高工作效率和预计准确性,更能体现 DMC 在研制过程中的约束作用。

6.1.3 DMC 预计现状

1) 国外现状

当前,国际上主流飞机制造商已经有一些用于部件 DMC 预计的方法,它们的思想大体相同,都是依赖其拥有的大量服役数据进行的统计分析。其中,以波音公司和空客公司的方法最具代表性。波音公司的可信性成本模型(DCM)中包括了部件 DMC 的预计方法。它将部件 DMC 分为计划拆卸的人工时费、计划拆卸的材料费、非计划拆卸的人工时费和非计划拆卸的材料费四个部分。模型中维修成本的计算以部件为基础,首先根据部件的可靠性、维修性数据和一些经验数据预计系统中重要部件的维修成本,然后将这些重要部件的维修成本进行累加并乘以一个经验系数后得到系统维修成本。空客公司根据部件的可靠性、维修性参数预计直接维修成本,主要使用了类比法(comparative method)。类比法是空客维修成本分析中的基础方法,它从设计、可靠性和维修性等方面考虑新系统、新部件与原有系统、部件之间的相似程度,并以这个系统、部件的维修成本项目为基准,乘以一个修正系数得到新系统、新部件的维修成本值。此方法在国外具有一定的影响力,经常被引用到一些相关研究中。各研究方法有不同的侧重点与指标参数,国际上还没有一般性指导意义的 DMC 预计方法。

2) 国内现状

20 世纪 80 年代,伴随着我国民用航空的发展,国内飞机制造业也开始认识到了飞机经济性分析的重要性,并展开了一些研究。进入 21 世纪以后,航空公司开始注意到降低飞机维修成本是提高企业经济效益的一条重要途径,并加强了维修成本管理方面的投入。虽然航空公司对维修成本的研究相对较多一些,但多从本企业角度出发,寻求从技术和管理方面控制维修成本的方法,并没有涉及飞机本体。一些科研单位和学者也开始对 DMC 进行研究,但涉及方面还很有限,即使涉及了也没有进行更加深入的专项研究。目前我国自主研制的民用飞机型号较少,且未形成系列化,对维修成本数据的收集和整理工作起步也较晚,因此国际上基于经验数据的 DMC 预计方法并不可行。此外,国内对于如何从整体上把握 DMC 问题还没有一个成熟的概念,对于如何从飞机全生命角度考虑 DMC 的分析与控制问题也没有一套成熟的方法,因此作为中心环节的 DMC 预计也很难形成有效的行业规范。

3) 我国与国际先进水平的差距

国外已经具有较为完整的维修成本控制与分析理念,而我国对于民用飞机维修成本的研究还是一个个的孤岛,没有形成统一的思想,也没有建立健全的体系。

国外多家航空制造商,如波音公司、空客公司等,早已形成了完整的 DMC 分析与控制技术,包括分析算法、控制流程和相关工具的开发,并在多年的运营基础上不断改进,逐步趋于完善,对部件的 DMC 预计相对准确,而国内仅在学术界提出了一些概念,在航电设备的 DMC 预计上有一些成果,但没有形成针对主制造商新机型研制过程中的 DMC 预计整体方案。

国外多家飞机制造商都拥有较为成熟的系列机型,其 DMC 分析与控制技术早已应用到产品上,从预研阶段到服役阶段,甚至飞机退役,数据收集充分,形成了完美的闭环控制,使得 DMC 可以充分影响并约束飞机设计及运营,而国内具有自主知识产权的新型飞机尚不成熟,对已有型号飞机维修成本相关数据的收集和整理也比较混乱,DMC 分析与控制技术还未能得到实际应用。

国外航空制造商在供应商管理方面,要求供应商按照其规定的 DMC 预计方法提交数据,所以得到的数据形式统一,便于管理,同时在合同中明确了 DMC 担保值,这就将主制造商的索赔风险转移到供应商。而国内由于缺乏供应商管理经验,没能提供一套有效且准确的 DMC 预计方法,造成各供应商使用的方法不统一,数据形式杂乱,给飞机研制带来了困难,同时由于缺少对供应商的约束,反而增加了制造商的索赔风险。

6.2　DMC 预计的分类

6.2.1　维修任务的制定

基于 S3000L《后勤保障分析国际程序规范》,设计阶段制定维修任务的分析包括:后勤保障分析相关的故障模式影响分析(LSA FMEA)、计划维修分析(SMA,民用飞机领域使用 MSG‐3)、损伤与特殊事件分析(DSEA)等。此外,其他设计部门制定维修任务的分析包括:损伤容限分析(DTA)、安全生命分析(safe-life)、系统安全评估(SSA,主要是故障树分析 FTA 以及燃油箱系统安全评估 FTSSA)等。各项分析简要说明如下。

LSA FMEA 基于工程 FMEA 开展,针对约定层级(通常为航线可更换单元 LRU),分析结果为非计划维修任务需求。

MSG‐3 系统及动力装置分析针对重要维修项目(MSI),分析结果为计划维修任务,包括润滑/勤务(LUB/SVC)、目视/操作检查(VCK/OPC)、一般目视检查(GVI)、详细目视检查(DET)、特殊详细目视检查(SDI)、功能检查(FNC)、恢复(RST)、报废(DIS)等。

MSG‐3 结构分析针对重要结构项目(SSI)、分析结果为计划维修任务,包括 GVI、DET、SDI、腐蚀防护与控制方案(CPCP)等。

MSG‐3 标准区域分析针对飞机区域(一个区域的某部分、一个区域或多个区域组合)内系统和结构,分析结果为针对区域的 GVI(Zonal GVI)计划任务。

MSG‐3 EZAP 针对区域内的电气线路互联系统(EWIS),分析结果为计划维修任务,包括 GVI、DET、FNC 及必要的 RST(恢复)等。

MSG‐3 L/HIRF 分析针对与飞机运营安全相关的电磁和非电磁保护部件,分析结果为计划维修任务,包括 GVI、DET、FNC 及必要的 DIS 等。

DSEA 针对飞机在运营期间可能遇到的特殊事件,分析结果为非计划维修任务,包括三个阶段的维修任务,阶段 Ⅰ 主要是对受影响区域的 GVI 以及为了任务开展而进行的 RST(恢复)任务,阶段 Ⅱ 主要是根据阶段 Ⅰ 检查结果进行 DET,阶段 Ⅲ 主要是根据阶段 Ⅱ 检查结果进行的修理。

DTA 针对主要结构件(PSE),分析结果为强制执行的计划维修任务(适航限制项 ALI),包括 GVI、DET、SDI 等。

Safe-Life 针对 PSE(主要是起落架结构),分析结果为强制执行的计划维修任务,包括 RST、DIS 等。

SSA(主要是 FTA)针对灾难和危险的顶事件或中间事件,分析结果为强制执行的计划维修任务(审定维修要求 CMR),任务类型与 MSG-3 系统及动力装置任务相同。

FTSSA 针对燃油箱点火源防护,分析结果为强制执行的计划维修任务(燃油系统适航限制 FAL),包括 DET、FNC 等。

各项分析汇总见表 6.1。

表 6.1 各项分析简介

名　　称		对　象	结　　果
LSA FMEA		LRU	任务需求
MSG-3	系统及动力装置	MSI	维修间隔及任务需求
	结构	SSI	门槛值、维修间隔及任务需求
	区域	Zone	维修间隔及任务需求
	L/HIRF	电磁保护	维修间隔及任务需求
DSEA		特殊事件	任务需求
DTA		PSE	维修间隔及任务需求(ALI)
Safe-Life		PSE	维修间隔及任务需求
SSA		事件	维修间隔及任务需求(CMR)
FTSSA		事件	维修间隔及任务需求(FAL)

各项分析产生的维修需求最终进入维修任务分析(MTA)进行详细分析,确定任务程序及相应任务资源(人员、材料、工时、工具、技术文档等)。

6.2.2　DMC 预计的分类

各项分析得到的维修任务可以分为计划维修任务和非计划维修任务,或分为原位维修任务和离位维修任务。综合考虑以上分类方法,采用交叉方式将维修任务分为以下六类:结构检查任务、区域/EWIS/LHIRF 检查任务、系统非报废/恢复类任务、系统报废/恢复类任务、系统非计划任务、特殊事件导向的非计划任务。根据任务分类,DMC 预计也分为六类,见图 6.2。

针对不同类别任务的 DMC 预计内容如下。

结构检查类 DMC 针对结构检查任务,源于 MSG-3 结构分析以及 DTA,属于

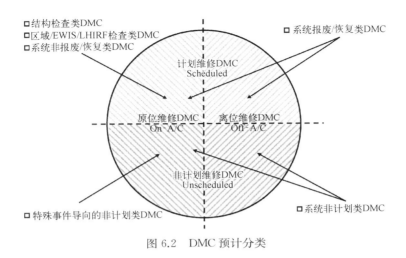

图 6.2　DMC 预计分类

计划维修 DMC，原位维修 DMC。

区域/EWIS/LHIRF 检查类 DMC 针对区域检查任务、EWIS 检查任务、L/HIRF 检查任务，源于 MSG－3 区域分析（标准区域分析和 EZAP）以及 MSG－3 L/HIRF 分析，属于计划维修 DMC，原位维修 DMC。

系统非报废/恢复类 DMC 针对系统 LUB/SVC、VCK/OPC、GVI、DET、SDI、FNC 任务，源于 MSG－3 系统及动力装置分析、SSA、FTSSA 等，属于计划维修 DMC，原位维修 DMC。

系统报废/恢复类 DMC 针对系统 DIS、RST 任务，源于 MSG－3 系统及动力装置分析、MSG－3 L/HIRF 分析、SSA、FTSSA、Safe－Life 分析等，属于计划维修 DMC，包含原位和离位维修 DMC。

系统非计划类 DMC 针对系统非计划维修任务，源于 LSA FMEA，属于非计划维修 DMC，包括原位和离位维修 DMC。

特殊事件导向的非计划类 DMC 针对特殊事件发生后的非计划检查任务，源于 DSEA，属于非计划维修 DMC，原位维修 DMC。

6.3　DMC 预计的流程

6.3.1　DMC 预计的启动条件

DMC 预计是以维修任务为中心展开的，需要在飞机设计初步完成时展开，DMC 预计启动条件有：

（1）飞机设计指标已经明确；

（2）维修任务制定工作取得阶段性成果并形成任务汇总；

（3）MTA 工作已经开展并进行了实质性分析；

（4）航材价格数据基本完备；

（5）对于暂时无法获取的数据，可进行合理假设和工程判断。

6.3.2　DMC 预计的流程

当满足 DMC 预计启动条件后，可以开展预计工作。首先要进行维修任务汇总，并将汇总的维修任务分为结构检查任务、区域/EWIS/L/HIRF 检查任务、系统非报废/恢复类任务、系统报废/恢复类任务、系统非计划任务、特殊事件导向的非计划任务等六类。每类任务的制定进度不一定同步，因此可以按照"先完成，先开展"的原则进行，例如，结构检查任务由 MSG-3 结构分析和 DTA 制定，MSG-3 结构分析由维修工程部门负责，DTA 由强度部门负责，各部门都有自己的工作计划和进展，所以结构检查任务的汇总需要部门之间的协调，为了工作顺利开展，可以分别汇总然后整合。

分类完成后对照维修任务收集相应的 MTA 报告。如果相应的 MTA 已经完成，则直接获取维修任务的接近时间、维修时间、维修过程中使用的材料。如果相应的 MTA 没有完成，可以等待完成或者基于合理假设和工程判断暂时给出结果，随着后续工程数据的丰富进行修正，例如，接近时间和维修时间可以参照相似机型的经验数据给出暂定值，但必须考虑设计上的差异性。材料成本的计算需要航材价格，阶段性的航材清单不一定能够提供全部价格数据，因此同样可以基于合理假设和工程判断暂时给出结果。

以上工作完成后，结合飞机设计标准和前提假设条件，DMC 预计所需输入数据基本完备，可分别按照六种预计模型进行 DMC 计算。计算结果按 DMC 分配形式进行整合。如果全部满足 DMC 分配值，则进行顶层 DMC 整合。如果不能满足部分 DMC 分配值，则需要分析原因，重新进行计算或更改设计，见图 6.3。

一般地，如果 DMC 预计值高于 DMC 分配值，需要逐项分析每个维修任务的 DMC 贡献，列出比较重大的维修任务，分析原因，追溯原始工程数据和分析报告，是否有数据录入错误或者计算错误，是否维修任务制定不合理，是否需要向设计部门反馈要求重新设计。在重新计算过程中，针对计划维修任务，采用预计结果整合方法可以降低 DMC 预计值，但通过接近时间整合和维修时间整合的方法来减少人工成本的过程中要注意把握整合的程度。如果通过接近时间整合后能够满足 DMC 分配要求，则无需进行维修时间整合。

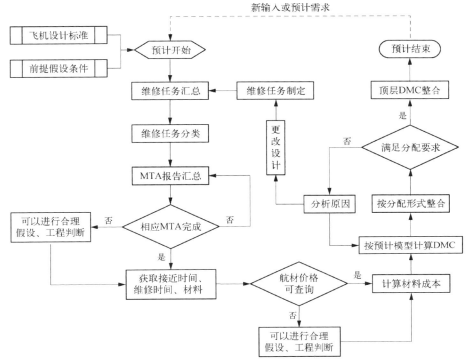

图 6.3　DMC 预计流程

6.4　DMC 预计的方法

6.4.1　DMC 预计方法概述

1. DMC 预计的输入

DMC 预计的输入应包括但不限于表 6.2 所示内容。

表 6.2　DMC 预计输入

序号	名　称	内　容	重要性
1	LSA FMEA 报告	非计划维修任务	必需
2	MSG-3 分析报告	计划维修任务及间隔、门槛值	必需
3	DSEA 报告	特殊事件导向的非计划检查任务	必需
4	DTA 报告	计划维修任务及间隔、门槛值	必需
5	Safe-Life 分析报告	计划维修任务及间隔	必需

序号	名　　称	内　　容	重要性
6	SSA(FTA)报告	计划维修任务及间隔	必需
7	FTSSA 报告	计划维修任务及间隔	必需
8	MTA 报告	人工时、材料	必需
9	航材清单	航材价格	必需
10	可靠性分析报告	可靠性数据参考	必需
11	安全性分析报告	安全性数据参考	重要
12	维修性分析报告	维修性数据参考	重要
13	市场研究报告	成本数据参考	重要
14	相似机型服役经验	经验数据参考	重要

2. DMC 预计的飞机设计指标

在 DMC 预计中,将会使用到以下各项有关的飞机设计指标。

(1) 设计生命:设计生命用于判断维修频次。单位可以为飞行循环(FC)、飞行小时(FH)、日历时间。

(2) 年利用率:年利用率用于时间单位换算。

(3) FC 与 FH 比:FC 与 FH 的比值用于时间单位换算。

(4) 平均航段(飞行阶段)时间:平均航段(飞行阶段)时间用于计算某航段发生特殊事件的频次。

3. DMC 预计的前提假设条件

实际的飞机运营中,DMC 受到人员、环境、飞机运行状态等多种复杂的客观条件的影响,为了有效地进行 DMC 预计,结合实际运营的一般情况,这里给出 DMC 预计的前提假设条件。

(1) 飞机运营环境:飞机运营环境为典型环境和典型气候条件,暂不考虑飞机经常运营在高腐蚀环境(沿海)、沙尘环境(沙漠、沙尘暴、火山灰)、高温环境(热带)等不利环境中的情形。

(2) 可靠性水平:飞机经过早期故障期(磨合期)后,可靠性水平处于平稳条件。

(3) 人工时费率:结合年代和地区经济水平差异,确定的每小时支付给维修工人的费用。

(4) 工时:DMC 预计过程中的机上维修工时统计基于 MTA,包括接近时间和维修时间,不包括工具准备、航材领取、工作台放置等任务准备时间和任务关闭时间。

(5) 材料费用:材料费用包括原位维修费用,非计划维修费用,误拆费用,恢复/报废费用等。不包括润滑脂、油漆、清洁剂、保险丝等易耗品费用、可索赔项目、维修管理费用、航材运输及储存费用、机上地毯、垫子以及厨房用具等对安全性没有影响的设备的正常老化与磨损以及清洁等产生的费用。

4．DMC 预计的 B2U 过程

最底层（bottom level）预计：针对每个维修任务进行，根据任务的不同分类选用不同的预计模型。

中间层预计：如果多个任务是针对同一个对象进行的，则需要对该对象的 DMC 预计结果进行整合。例如，同一个区域，分别有内部和外部检查任务，则需要整合该区域的 DMC 预计结果。同一个对象的所有任务整合后，按照 ATA 章节划分进入相应章节。如果某个任务是针对多个对象进行的，则该任务的 DMC 预计结果直接整合到所属 ATA 章节中。除了按照 ATA 章节划分进行整合外，还可以按照工作包进行整合，整合内容需要满足工作包涵盖内容。具体整合形式，可以根据 DMC 分配形式进行。

顶层（up level）预计：将全部 ATA 章节 DMC 预计结果，或全部工作包 DMC 预计结果进行整合，得到整机 DMC 预计值。

DMC 预计的 B2U 过程，见图 6.4。

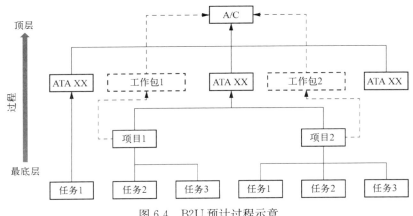

图 6.4　B2U 预计过程示意

5．DMC 预计基本算法

DMC 预计采用如下方法计算：

$$\mathrm{DMC} = FQ(H + M) \tag{6-1}$$

其中，DMC 为 DMC 阵，计算值，表示每一类 DMC 预计结果；F 为频次阵，计算值，表示生命周期内每一类任务的维修次数，输入数据包括设计生命、年利用率、飞行循环与飞行小时比、平均航段时间、门槛值、间隔值、MTBUR、特殊事件发生概率等，由 LSA FMEA 报告、MSG-3 分析报告、DSEA 报告、DTA 报告、Safe-Life 分析报告、SSA 报告、FTSSA 报告输入相应数据；Q 为数量阵，输入值，表示任务执行对象在单架飞机上的数量;H 为人工成本阵,计算值,表示每一类任务的人工成本,输入数据包括人工时费率、任务接近时间、任务维修时间等,由 MTA 报告输入接近时间和维修时间,市场研究报告输入人工时费率;M 为材料成本阵,计算值,表示每一类任务的材料成本,输入数据包括平均原位维修成本、平均非计划维修成本、NFF 率、平均修理成本等,由 MTA 报告输入材料,航材清单输入材料价格,市场研究报告输入其他成本数据。

六种 DMC 预计模型通过变换式(6-1)中矩阵可以计算单个任务 DMC、零/部件 DMC、子系统/系统 DMC。数据流见图 6.5。

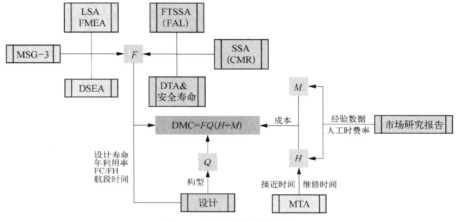

图 6.5　DMC 预计数据流

6.4.2　结构检查类 DMC 预计方法

1. 维修任务需求的产生

1) 飞机结构划分

从飞机结构设计角度,一般将飞机结构分为主要结构(primary structure)和次要结构(secondary structure)两大类。主要结构是指传递飞行载荷、地面载荷或者增压载荷等的结构,次要结构是指传递局部气动载荷或者惯性载荷的结构。主要结构包含主要结构件(principal structural element, PSE)和其他结构件。PSE 是指对承受飞行载荷、地面载荷、增压载荷和操纵载荷等有重要作用的任何结构元件,其破损的后果将是灾难性的。PSE 根据其设计原则不同可细分为按疲劳及损伤容限设计,如机翼、机身、尾翼等;按安全生命设计,如起落架及其连接件,具体内容参见 FAR AC 25.571。其他结构件是指主要结构中除 PSE 以外的结构件,如座椅滑轨、地板等。次要结构的主要作用为保证飞机气动外形、降低飞行时空气阻力,其失效不直接影响飞机结构持续适航(飞行安全),如翼身整流罩等。飞机结构类别划分见表 6.3。

表 6.3　飞机结构类别划分

结 构 类 型		设计原则	实　　　例
主要结构	主要结构件	疲劳及损伤容限	机翼、机身、尾翼除安全生命件和其他结构以外的全部重要结构件
		安全生命	起落架及其连接
	其他结构件	—	座椅滑轨、地板等
次要结构		—	机翼扰流片、翼身整流罩、涡扇罩等

在 ATA MSG‑3 文件中，从结构失效对飞机安全性影响的角度，将结构分为重要结构项(significant structure item，SSI)和其他结构。SSI 是指对于承受飞行载荷、地面载荷、增压载荷和操纵载荷等具有重要作用的任何结构项(包括细节、元件及组件)，并且其失效可能影响飞机结构完整性，进而影响飞行安全。其他结构是指飞机结构中除 SSI 以外的任何结构，其失效对飞机结构完整性无影响。

PSE 为 DTA 和安全生命分析的对象，SSI 为 MSG‑3 结构分析的对象，且 MSG‑3 结构分析 SSI 列表应覆盖所有 PSE。SSI 可覆盖一个或多个 PSE，而一个 PSE 也可分布在多个 SSI 之间。SSI 与 PSE 之间关系见图 6.6。

图 6.6　SSI 与 PSE 关系示意图

2) MSG‑3 结构分析方法

MSG‑3 结构分析的主要目的是确定飞机结构的计划维修任务及间隔，使飞机在整个运营生命期内维持其固有适航能力。结构分析程序通过对意外损伤(accidental damage，AD)、环境退化(environmental deterioration，ED)和疲劳损伤(fatigue damage，FD)进行评估，确保及时检查到结构的腐蚀、裂纹、开胶和分层等损伤，同时确保飞机符合腐蚀防护和控制大纲(corrosion prevent and control program，CPCP)要求。

结构检查任务及其间隔的制定须基于结构设计、结构所处环境、结构的保护措施、损伤容限分析、相似机型的服役经验及相关试验结果等因素。典型的分析流程如图 6.7 所示，具体要求参见 ATA MSG‑3 文件。

3) 损伤容限分析

在 CCAR AC 121‑65 中给出损伤容限定义：一种用于保证安全的结构设计特征。它允许结构在受到疲劳、腐蚀、偶然或离散源损伤后仍然能在一定时期内保持必要的剩余强度。损伤容限基于的原则，是结构疲劳损伤的产生和发展在可以

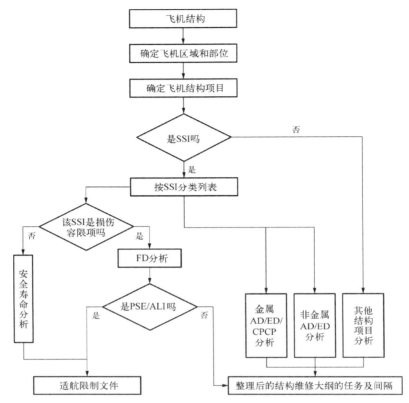

图 6.7　MSG-3 典型结构分析流程图

足够精确预测的前提下,达到临界尺寸之前,通过检查能够发现。

DTA 对 PSE 进行分析,包括裂纹扩展和剩余强度分析两部分,最终得到该 PSE 的检查门槛值和重复检查间隔,并与所要求的检查间隔进行对比,得出其是否满足设计要求,本书不作具体介绍。

DMC 预计需要 DTA 分析结果,DTA 分析报告由强度部门提供。

4) 结构检查任务

结构检查任务源于 MSG-3 结构分析和 DTA 分析,其目的是通过发现飞机结构中由于制造过程、长期运营以及维修不当等因素产生的物理损伤、腐蚀,结合后续修复工作,保证飞机结构完整性,进而确保飞机的持续适航。任务对象为所分析的 SSI 及 PSE,任务类型通常为检查任务,包括一般目视检查(general visual inspection,GVI)、详细目视检查(detailed inspection,DET)和特殊详细检查(special detailed inspection,SDI)等。

本书规定的 MSG-3 结构检查任务是指不能与区域检查任务进行合并的任务,DTA 检查任务是指不能被 MSG-3 结构检查任务覆盖的任务。由于 CPCP 任务产生的人工时及材料花费较少,在结构 DMC 预计中忽略不计。根据 MSG - 3 结构分析和 DTA 分析结果,结合维修任务分析(maintenance task analysis,MTA) 结果,整理任务信息,得出的任务汇总表如表 6.4 所示。

表 6.4　结构检查任务汇总表

序号	任务名称	任务类型	任务对象	门槛值	任务间隔	接近时间	维修时间	参考报告
(a)	(b)	(c)	(d)	(e)	(f)	(g)	(h)	(i)

注:(a) 序号:流水号,1、2、3。
(b) 任务名称:检查任务的名称,来自分析报告,如一般目视检查前登机门蒙皮外部。
(c) 任务类型:检查任务的类型,来自分析报告,如 GVI。
(d) 任务对象:检查任务的对象,来自分析报告,如前登机门蒙皮外部。
(e) 门槛值:检查任务的间隔,来自分析报告,如 4 000 FC。
(f) 任务间隔:检查任务的间隔,来自分析报告,如 4 000 FC。
(g) 接近时间:任务的接近时间,来自分析报告,如 0.1 小时。
(h) 维修时间:任务的维修时间,来自分析报告,如 0.2 小时。
(i) 参考报告:MSG - 3 分析报告、DTA 报告、MTA 报告等,便于追溯。

2. 结构 DMC 预计输入

结构 DMC 预计需要的输入数据见表 6.5。

表 6.5　结构 DMC 预计输入

序号	描　　　述	重要性	备　　　注
1	MSG - 3 结构分析报告	必需	结构检查任务
2	DTA 分析报告	必需	ALI 结构检查任务
3	MTA 分析报告	必需	人工时、航/耗材、接近通路等
4	总体设计要求文件	重要	生命周期

3. B2U 预计方法

1) 概述

B2U 预计即自下而上(bottom to up)预计,由于 SSI 与 PSE 之间可能有相互重叠,并且有内部检查任务和外部检查任务,因此对于一个结构项可存在多个维修任务。底层预计是指对每一个维修任务的 DMC 预计,而上一层预计是指每一个结构项的 DMC 预计。如图 6.8 所示。

2) 计算方法

结构 DMC 预计按照式(6 - 2)计算:

$$\text{DMC}_{\text{Str}} = FQ(H + M) \tag{6 - 2}$$

其中,$F = \left[\dfrac{N_{\text{Mtc}, i}}{\text{LC}_i} \right]_{1 \times n}$ 为频次阵,1/FH;N_{Mtc} 为任务次数;LC 为生命周期,FH;

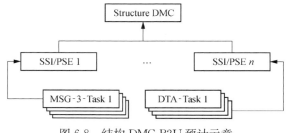

图 6.8　结构 DMC B2U 预计示意

$Q=\left[\mathrm{QPA}_i\right]_{n\times n}$ 为数量阵，QPA 为每个任务涉及的项目在飞机上的安装数量；$H=\left[\mathrm{LR}\times\left(T_{\mathrm{Access},i}+T_{\mathrm{Mtc},i}\right)\right]_{n\times 1}$ 为人工成本阵；LR 为人工时费率，美元/小时；T_{Access} 为接近时间，h；T_{Mtc} 为维修时间，小时；$M=\left[C_{\mathrm{On\_Mat},i}\right]_{n\times 1}$ 为材料成本阵；$C_{\mathrm{On\_Mat}}$ 为原位维修成本，美元。

本计算模型的数据流见图 6.9。

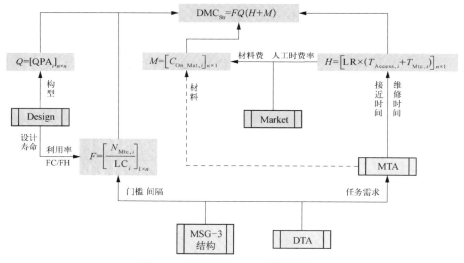

图 6.9　结构 DMC B2U 预计数据流

3）结构检查类 DMC 预计案例

以某型飞机前机身蒙皮壁板结构检查任务为例，进行 DMC 预计，假设如下：

（1）在该飞机运营期间，飞机年利用率为 2 000 飞行小时/年；

（2）飞行循环与飞行小时比为 FC∶FH＝1∶2；

（3）飞机设计生命周期为 30 000 FC；

（4）人工时费率为 60 美元/小时。

将结构检查任务汇总，见表 6.6。

表 6.6　结构检查任务汇总表

序号	任务号码	任务名称	任务类型	门槛值	间隔	接近时间	维修时间	参考报告
1	53 - 30 - 01 - 01	一般目视检查 前机身蒙皮壁板-外部	GVI	12 年	12 年	0	1 小时	——
2	53 - 30 - 01 - 02	详细目视检查 前机身蒙皮壁板-内部	DET	12 年	12 年	1 小时	2 小时	——
3	53 - 30 - P01	一般目视检查 蒙皮壁板	GVI	12 000 FC	12 000 FC	1 小时	3 小时	——

根据计算公式 $\mathrm{DMC_{Str}} = FQ(H + M)$，分别将输入条件代入四个计算矩阵，以求出 DMC 预计值。根据结构检查任务数量，n 取值为 3。

$\boldsymbol{F} = \left[\dfrac{N_{\mathrm{Mtc},i}}{\mathrm{LC}_i} \right]_{1 \times n}$ 为频次阵，N_{Mtc} 为任务次数，根据任务报告，按飞行小时进行计算。

$$\boldsymbol{F} = \left[\frac{N_{\mathrm{Mtc},i}}{\mathrm{LC}_i} \right]_{1 \times 3} = \begin{bmatrix} 0.000\,033 & 0.000\,033 & 0.000\,033 \end{bmatrix} \mathrm{FH}^{-1}$$

$\boldsymbol{Q} = [\mathrm{QPA}_i]_{n \times n}$ 为数量阵，QPA 为每个任务涉及的项目在飞机上的安装数量，根据飞机构型，蒙皮壁板 X 数量为 1 件。

$$\boldsymbol{Q} = [\mathrm{QPA}_i]_{3 \times 3} = \begin{bmatrix} 1 & & \\ & 1 & \\ & & 1 \end{bmatrix}$$

$\boldsymbol{H} = [\mathrm{LR}(T_{\mathrm{Access},i} + T_{\mathrm{Mtc},i})]_{n \times 1}$ 为人工成本阵，LR 为人工时费率，T_{Access} 为接近时间，T_{Mtc} 为维修时间，根据假设内容，在本算例中取人工时费率 $\mathrm{LR} = 60$ 美元 / 小时。

$$\boldsymbol{H} = [\mathrm{LR} \times (T_{\mathrm{Access},i} + T_{\mathrm{Mtc},i})]_{3 \times 1} = \begin{bmatrix} 60 \times 1 \\ 60 \times (1+2) \\ 60 \times (1+3) \end{bmatrix} = \begin{bmatrix} 60 \\ 180 \\ 240 \end{bmatrix} \text{美元}$$

$\boldsymbol{M} = [C_{\mathrm{On\_Mat},i}]_{n \times 1}$ 为材料成本阵，$C_{\mathrm{On\_Mat}}$ 为原位维修成本，根据 MTA 报告，本任务不消耗材料：

$$\boldsymbol{M} = [C_{\mathrm{On\_Mat},i}]_{3 \times 1} = \begin{bmatrix} 0 \\ 0 \\ 0 \end{bmatrix}$$

DMC 预计值为

$$\mathrm{DMC_{Str}} = FQ(H+M)$$

$$= \begin{bmatrix} 0.000\,033 & 0.000\,033 & 0.000\,033 \end{bmatrix} \cdot \begin{bmatrix} 1 & & \\ & 1 & \\ & & 1 \end{bmatrix}$$

$$\cdot \left(\begin{bmatrix} 60 \\ 180 \\ 240 \end{bmatrix} + \begin{bmatrix} 0 \\ 0 \\ 0 \end{bmatrix} \right) \text{美元／飞行小时}$$

$$= 0.016 \text{美元／飞行小时}$$

各单项检查任务的 DMC 预计值为

$$\mathrm{DMC_{Str,1}} = F_1 Q_1 (H_1 + M_1) = 0.000\,033 \times 1 \times (60+0) \text{美元／飞行小时}$$
$$= 0.002 \text{美元／飞行小时}$$

$$\mathrm{DMC_{Str,2}} = F_2 Q_2 (H_2 + M_2) = 0.000\,033 \times 1 \times (180+0) \text{美元／飞行小时}$$
$$= 0.006 \text{美元／飞行小时}$$

$$\mathrm{DMC_{Str,3}} = F_3 Q_3 (H_3 + M_3) = 0.000\,033 \times 1 \times (240+0) \text{美元／飞行小时}$$
$$= 0.008 \text{美元／飞行小时}$$

且有

$$\mathrm{DMC_{Str}} = \mathrm{DMC_{Str,1}} + \mathrm{DMC_{Str,2}} + \mathrm{DMC_{Str,3}} = 0.016 \text{美元／飞行小时}$$

将结果整理,得到结构检查任务 DMC 预计结果统计表,如表 6.7 所示。

表 6.7　DMC 预计结果汇总

序号	任务号码	任务名称	任务类型	DMC 预计值
1	53‑30‑01‑01	一般目视检查前机身蒙皮壁板-外部	GVI	0.002
2	53‑30‑01‑02	详细目视检查前机身蒙皮壁板-内部	DET	0.006
3	53‑30‑P01	一般目视检查蒙皮壁板	GVI	0.008
汇总	—	—	—	0.016

6.4.3　区域/EWIS/L/HIRF 检查类 DMC 预计方法

1. 维修任务需求的产生

1) MSG‑3 区域/EWIS/L/HIRF 分析方法

(1) MSG‑3 区域分析方法

区域检查要求可使用区域分析程序制定,它要求对飞机每个区域进行综合评审。程序着重考虑了电子线路的布局,除了确定区域检查外,逻辑图还提供一种方法来确定适用且有效的任务,以便将污染减到最小,并排除区域检查时不能可靠探测的重要线路的安装偏差。

在 MSG-3 自上而下的分析中,对许多辅助项目,如系统管路、导管、其他结构、线路等,应评估它们引起功能故障的可能性,典型的逻辑分析流程见图 6.10。

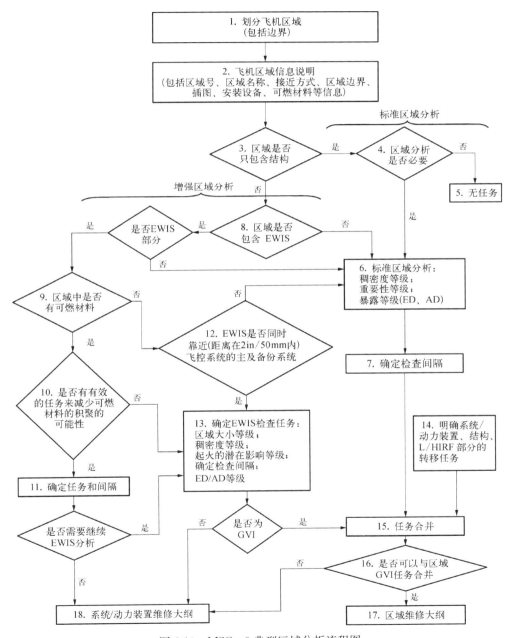

图 6.10　MSG-3 典型区域分析流程图

（2）MSG - 3 L/HIRF 分析方法

基于 MSG - 3 文件,给出 MSG - 3 L/HIRF 分析总体流程如下：

① 确定分析对象并按区域划分；

② 防护项目特征和性能数据收集；

③ 意外损伤(AD)/环境恶化(ED)暴露性及敏感性考虑；

④ 防护严酷度分析；

⑤ 任务选择；

⑥ 间隔确定。

L/HIRF 分析流程见图 6.11。

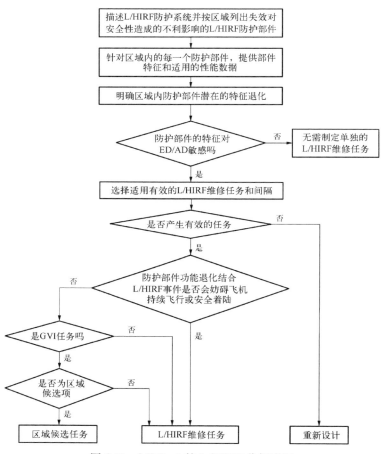

图 6.11　MSG - 3 的 L/HIRF 分析流程

2）区域检查任务

区域检查任务属于计划维修任务,源于 MSG - 3 区域分析中的标准区域分析,旨在维持飞机固有的安全性与可靠性水平。任务对象通常是飞机的一个区域或几个区域,任务类型为针对整个区域的一般目视检查(Zonal GVI)。

本书规定的区域检查任务是 MSG‐3 分析结果合并后的区域检查任务,即 MSG‐3 系统/动力装置分析、MSG‐3 结构分析、MSG‐3 L/HIRF 分析结果满足转移到 MSG‐3 区域分析的 GVI 任务条件,并与 MSG‐3 区域分析结果合并后的区域检查任务,结合 MTA 分析,整理任务信息,得到任务汇总表见表 6.8。

表 6.8　区域检查任务汇总表

序号	任务名称	任务类型	任务对象	任务间隔	接近时间	维修时间	参考报告
(a)	(b)	(c)	(d)	(e)	(f)	(g)	(h)

注:(a) 序号:流水号,1、2、3;
(b) 任务名称:检查任务的名称,来自分析报告,如一般目视检查雷达罩外部;
(c) 任务类型:检查任务的类型,来自分析报告,如 GVI;
(d) 任务对象:检查任务的对象,来自分析报告,如雷达罩外部;
(e) 任务间隔:检查任务的间隔,来自分析报告,如 4 000 飞行小时;
(f) 接近时间:任务的接近时间,来自分析报告,如 0.1 小时;
(g) 维修时间:任务的维修时间,来自分析报告,如 0.2 小时;
(h) 参考报告:MSG‐3 分析报告,MTA 报告等,便于追溯

3) EWIS 检查任务

EWIS 检查任务源于 MSG‐3 区域分析中的增强区域分析(EZAP),要求维修人员采取适当的检查或清洁措施,以最小化飞机上可燃物的存在可能。任务对象通常是 EWIS,任务类型为 Zonal GVI、针对 EWIS 单独的一般目视检查(Stand‐alone GVI)、详细目视检查(DET)、恢复(RST)。

本书规定的 EWIS 检查任务是不能与 MSG‐3 区域分析结果进行合并的检查任务,结合 MTA 分析,整理任务信息,任务汇总表见表 6.9。

表 6.9　EWIS 检查任务汇总表

序号	任务名称	任务类型	任务对象	任务间隔	接近时间	维修时间	参考报告
(a)	(b)	(c)	(d)	(e)	(f)	(g)	(h)

注:(a) 序号:流水号,1、2、3;
(b) 任务名称:检查任务的名称,来自分析报告,如详细目视检查雷达罩内部 EWIS;
(c) 任务类型:检查任务的类型,来自分析报告,如 DET;
(d) 任务对象:检查任务的对象,来自分析报告,如雷达罩内部 EWIS;
(e) 任务间隔:检查任务的间隔,来自分析报告,如 4 000 飞行小时;
(f) 接近时间:任务的接近时间,来自分析报告,如 0.1 小时;
(g) 维修时间:任务的维修时间,来自分析报告,如 0.2 小时;
(h) 参考报告:MSG‐3 分析报告,MTA 报告等,便于追溯

4）L/HIRF 检查任务

L/HIRF 检查任务源于 MSG‐3 L/HIRF 分析,目的是减少由于单点故障(如雷击)或共模故障(AD 和 ED)对 L/HIRF 防护系统的冗余通道造成的影响,以保障飞机的适航性。任务对象通常是部件的电磁保护(搭接线、导流条等),任务类型为 GVI、DET、功能检查(FNC)。

本书规定的 L/HIRF 检查任务是不能与 MSG‐3 区域分析结果进行合并的检查任务,结合 MTA 分析,整理任务信息,任务汇总表见表 6.10。

表 6.10 L/HIRF 检查任务汇总表

序号	任务名称	任务类型	任务对象	任务间隔	接近时间	维修时间	参考报告
(a)	(b)	(c)	(d)	(e)	(f)	(g)	(h)

注:(a)序号:流水号,1、2、3;
(b)任务名称:检查任务的名称,来自分析报告,如一般详细目视检查雷达罩分流条;
(c)任务类型:检查任务的类型,来自分析报告,如 GVI;
(d)任务对象:检查任务的对象,来自分析报告,如雷达罩分流条;
(e)任务间隔:检查任务的间隔,来自分析报告,如 4 000 飞行小时;
(f)接近时间:任务的接近时间,来自分析报告,如 0.1 小时;
(g)维修时间:任务的维修时间,来自分析报告,如 0.2 小时;
(h)参考报告:MSG‐3 分析报告,MTA 报告等,便于追溯

2. 区域 DMC 预计输入

区域/EWIS/L/HIRF DMC 预计需要输入见表 6.11。

表 6.11 DMC 预计输入

序号	描　述	重要性	备　注
1	MSG‐3 区域分析报告	必需	区域任务、EWIS 任务
2	MSG‐3 L/HIRF 分析报告	必需	L/HIRF 任务
3	MTA 分析报告	必需	人工时、航/耗材、接近通路等
4	年利用率	重要	时间单位折算
5	飞行循环与飞行小时比	重要	时间单位折算
6	人工时费率	重要	计算人工成本
7	供应商数据	重要	计算材料成本
8	相似机型服役经验	重要	参考人工时和材料成本

3. B2U 预计方法

1）概述

对于一个项目,可能有多个维修任务,例如,同一个区域可能有内部和外部两

个任务。底层预计是指对每一个维修任务的 DMC 预计，上一层预计是指每一个区域/EWIS/L/HIRF 项目的 DMC 预计，见图 6.12。

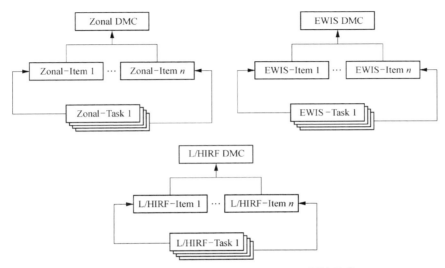

图 6.12　区域/EWIS/LHIRF DMC B2U 预计示意

2）计算方法

区域、EWIS、L/HIRF DMC 预计按照式（6-3）计算：

$$\mathrm{DMC}_{Z/E/LH} = FQ(H + M) \qquad (6-3)$$

其中，$F = \left[\dfrac{1}{\mathrm{INT}_i}\right]_{1 \times n}$ 为频次阵，INT 为任务间隔；$Q = [\mathrm{QPA}_i]_{n \times n}$ 为数量阵，QPA 为每个任务涉及的项目在飞机上的安装数量；$H = [\mathrm{LR} \times (T_{\mathrm{Access}, i} + T_{\mathrm{Mtc}, i})]_{n \times 1}$ 为人工成本阵，LR 为人工时费率，T_{Access} 为接近时间，T_{Mtc} 为维修时间；$M = [C_{\mathrm{On\_Mat}, i}]_{n \times 1}$ 为材料成本阵，$C_{\mathrm{On\_Mat}}$ 为原位维修成本。

本计算模型的数据流见图 6.13。

3）区域、EWIS、L/HIRF 检查类 DMC 预计案例

以某型客机的雷达罩区域检查任务为例进行 DMC 预计。任务包含飞机雷达罩外部及内部的一般目视检查任务，根据任务报告，得到相关任务信息。本例中，假设如下：

（1）在该飞机运营期间，飞机年利用率为 2 000 飞行小时/年；

（2）飞行循环与飞行小时比为 FC∶FH＝1∶1.5；

（3）人工时费率为 60 美元/小时。

区域的外部检查任务包括 L/HIRF 项，需按照有关程序进行区域检查。检查

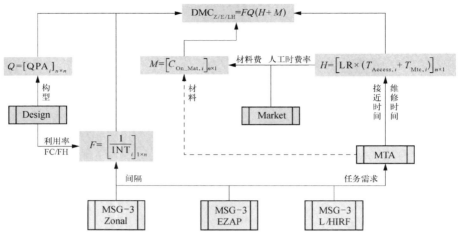

图 6.13　区域/EWIS/LHIRF DMC B2U 预计数据流

任务为 2 项,一项任务为雷达罩外部区域检查,检查时间间隔为 17 000 飞行小时,任务的工作时间为 0.08 小时,任务的需求人数为 1 人。一项任务为雷达罩外部区域汇流条的检查,检查时间间隔为 8 500 飞行小时,任务的工作时间为 0.5 小时,任务的需求人数为 1 人。

　　区域的内部检查任务包括 EWIS 项,经分析,区域中无可燃物且 EWIS 项不接近控制线路,故合并到标准区域检查任务处理。检查任务为 2 项。一项任务为雷达罩内部区域的检查,包含鸟撞保护板的拆卸。检查任务的时间间隔为 34 000 飞行小时,任务的接近时间为 0.34 小时,任务的维修时间为 0.5 小时,任务总时间 0.84 小时,任务的需求人数为 1 人。一项任务为雷达罩内部区域的检查,不包含鸟撞保护板的拆卸。检查任务的时间间隔为 17 000 飞行小时,任务的接近时间为 0.34 小时,任务的维修时间为 0.25 小时,任务总时间 0.59 小时,任务的需求人数为 1 人。

　　将雷达罩区域检查任务汇总,见表 6.12。

表 6.12　区域检查任务汇总表

序号	任务名称	任务类型	任务对象	任务间隔	接近时间	维修时间	参考报告
1	一般目视检查雷达罩-外部	GVI	雷达罩	17 000 飞行小时	0	0.08 小时	—
2	一般目视检查雷达罩-外部	GVI	雷达罩	8 500 飞行小时	0	0.5 小时	—
3	一般目视检查雷达罩-内部	GVI	雷达罩	34 000 飞行小时	0.34 小时	0.5 小时	—
4	一般目视检查雷达罩-内部	GVI	雷达罩	17 000 飞行小时	0.34 小时	0.25 小时	—

根据计算公式 $DMC_{Z/E/LH} = FQ(H+M)$,分别将输入条件代入四个计算矩

阵,以求出 DMC 预计值。根据区域任务数量,n 取值为 4。其中,$\boldsymbol{F} = \left[\dfrac{1}{\mathrm{INT}_i}\right]_{1 \times n}$ 为频次阵,INT 为任务间隔,根据任务报告,按飞行小时进行计算。

$$\boldsymbol{F} = \left[\frac{1}{\mathrm{INT}_i}\right]_{1 \times 4} = \begin{bmatrix} 0.000\,06 & 0.000\,12 & 0.000\,03 & 0.000\,06 \end{bmatrix} \mathrm{FH}^{-1}$$

$\boldsymbol{Q} = [\mathrm{QPA}_i]_{n \times n}$ 为数量阵,QPA 为每个任务涉及的项目在飞机上的安装数量,根据飞机构型,雷达罩为 1 件。

$$\boldsymbol{Q} = [\mathrm{QPA}_i]_{4 \times 4} = \begin{bmatrix} 1 & & & \\ & 1 & & \\ & & 1 & \\ & & & 1 \end{bmatrix}$$

$\boldsymbol{H} = [\mathrm{LR} \times (T_{\mathrm{Access},\,i} + T_{\mathrm{Mtc},\,i})]_{n \times 1}$ 为人工成本阵,LR 为人工时费率,T_{Access} 为接近时间,T_{Mtc} 为维修时间,根据任务报告:

$$\boldsymbol{H} = [\mathrm{LR} \times (T_{\mathrm{Access},\,i} + T_{\mathrm{Mtc},\,i})]_{4 \times 1} = \begin{bmatrix} 60 \times 0.08 \\ 60 \times 0.5 \\ 60 \times (0.34 + 0.5) \\ 60 \times (0.34 + 0.25) \end{bmatrix} 美元 = \begin{bmatrix} 4.8 \\ 30 \\ 50.4 \\ 35.4 \end{bmatrix} 美元$$

$\boldsymbol{M} = [C_{\mathrm{On\_Mat},\,i}]_{n \times 1}$ 为材料成本阵,$C_{\mathrm{On\_Mat}}$ 为原位维修成本,根据 MTA 报告,本例任务不消耗材料:

$$\boldsymbol{M} = [C_{\mathrm{On\_Mat},\,i}]_{4 \times 1} = \begin{bmatrix} 0 \\ 0 \\ 0 \\ 0 \end{bmatrix}$$

该区域的 DMC 预计值为

$$\begin{aligned}
\mathrm{DMC}_{\mathrm{Z/E/LH}} &= FQ(H + M) \\
&= \begin{bmatrix} 0.000\,06 & 0.000\,12 & 0.000\,03 & 0.000\,06 \end{bmatrix} \\
&\quad \cdot \begin{bmatrix} 1 & & & \\ & 1 & & \\ & & 1 & \\ & & & 1 \end{bmatrix} \cdot \left(\begin{bmatrix} 4.8 \\ 30 \\ 50.4 \\ 35.4 \end{bmatrix} + \begin{bmatrix} 0 \\ 0 \\ 0 \\ 0 \end{bmatrix} \right) 美元 / 飞行小时 \\
&= 0.007\,524 \ 美元 / 飞行小时
\end{aligned}$$

该区域各单项检查任务的 DMC 预计值为

$$\text{DMC}_{Z/E/LH.1} = F_1 Q_1 (H_1 + M_1) = 0.000\,06 \times 1 \times (4.8 + 0) \text{ 美元 / 飞行小时}$$
$$= 0.000\,288 \text{ 美元 / 飞行小时}$$

$$\text{DMC}_{Z/E/LH.2} = F_2 Q_2 (H_2 + M_2) = 0.000\,12 \times 1 \times (30 + 0) \text{ 美元 / 飞行小时}$$
$$= 0.003\,600 \text{ 美元 / 飞行小时}$$

$$\text{DMC}_{Z/E/LH.3} = F_3 Q_3 (H_3 + M_3) = 0.000\,03 \times 1 \times (50.4 + 0) \text{ 美元 / 飞行小时}$$
$$= 0.001\,512 \text{ 美元 / 飞行小时}$$

$$\text{DMC}_{Z/E/LH.4} = F_4 Q_4 (H_4 + M_4) = 0.000\,06 \times 1 \times (35.4 + 0) \text{ 美元 / 飞行小时}$$
$$= 0.002\,124 \text{ 美元 / 飞行小时}$$

且有

$$\text{DMC}_{Z/E/LH} = \text{DMC}_{Z/E/LH.1} + \text{DMC}_{Z/E/LH.2} + \text{DMC}_{Z/E/LH.3} + \text{DMC}_{Z/E/LH.4}$$
$$= 0.007\,524 \text{ 美元 / 飞行小时}$$

整理结果,得到区域 DMC 预计结果统计表,如表 6.13 所示。

表 6.13　雷达罩区域 DMC 预计结果统计表

序号	任务名称	任务类型	任务对象	DMC 预计值
1	一般目视检查雷达罩-外部	GVI	雷达罩	0.000 288
2	一般目视检查雷达罩-外部	GVI	雷达罩	0.003 600
3	一般目视检查雷达罩-内部	GVI	雷达罩	0.001 512
4	一般目视检查雷达罩-内部	GVI	雷达罩	0.002 124
汇总	—	—	—	0.007 524

6.4.4　系统非报废/恢复类 DMC 预计方法

1. 任务需求的产生

1) MSG - 3 系统分析方法

MSG - 3 方法是应用循序渐进的逻辑决断图来确定系统/动力装置(包括部件和辅助动力装置)的预定维修工作,其分析对象为重要维修项目(MSI),非 MSI 采用其他方法分析(区域分析、经验方法等)。针对每个 MSI,分析人员根据 MSG - 3 逻辑决断法判断是否需要定义维修任务,若根据 MSG - 3 逻辑判断该 MSI 有适用且有效的计划维修任务,则需给出相应的任务间隔。

依据 MSG - 3 系统及动力装置逻辑决断程序(图 6.14),分析人员从顶层开始分析,并由每一问题的"是"或"否"来确定下一步分析流程走向。

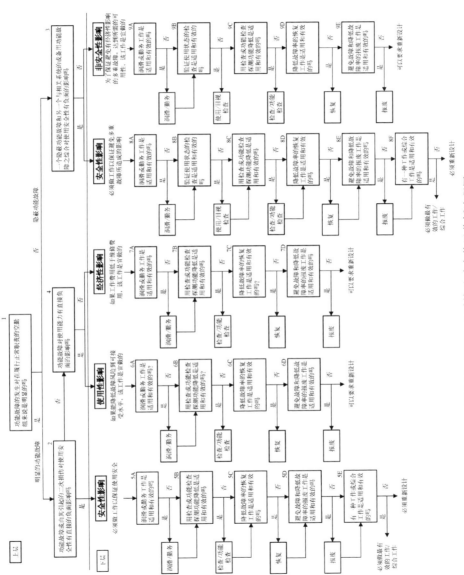

图 6.14 MSG-3 系统及动力装置分析流程图

该决断逻辑有以下两层。

（1）上层即第一级（问题1、2、3、4）对每个功能故障进行分析，以确定其故障影响；即明显的安全性、运行性、经济性，隐蔽/安全性和隐藏/非安全性。

（2）下层即第二级（问题5、6、7、8、9的从"A"到"F"，如果适用），根据每个功能故障的故障原因来选择特定的任务及任务类型。

2）审定维修要求

系统计划维修任务除了通过MSG-3系统及动力装置分析程序制订外，还可由审定维修要求（CMR）程序产生。CMR是一种强制性的定期任务，是在飞机的设计审定中作为型号审定的一个运行限制而制定的。CMR的目的是对重大隐蔽性故障进行检查，以保持预期的安全性。

CMR项目所用的分析方法与维修审查委员会（MRB）活动有关的MSG-3分析形成维修工作和时间间隔所用的分析方法存在根本不同。CMR是为了减少面临其他隐蔽失效的情况，用来证实某一失效是否已经发生，但并不提供任何预防性维修工作。CMR任务制定流程见图6.15[16]。

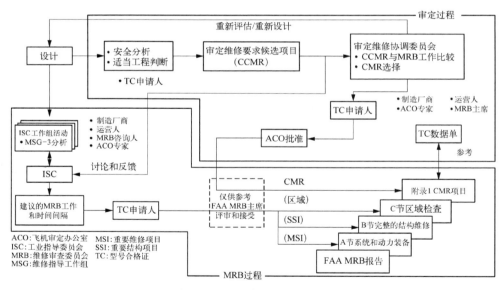

图6.15　CMR制定过程流程图

审定维修协调委员会（CMCC）将候选CMR项目与MRB维修工作组通过MSG-3的分析所产生的维修任务进行对比，讨论并决定是否形成CMR项目，或由MSG-3分析产生的维修任务来替代。

3）适航限制要求

适航限制（AWL）也是计划维修任务来源之一，是指在型号审定过程中规定的使用限制,通常为结构检查限制、安全生命件限制、系统适航限制。本书仅考虑系统相关 AWL,系统部分 AWL 由关键设计构型控制限制(CDCCL)和油箱适航限制(FAL)构成。

CDCCL 是保持和控制燃油箱系统点火源防护特征完整性的重要手段,其目的在于在飞机整个生命过程中保持点火源防护特征的初始构型完整性,避免由于维修、改装等原因使构型发生变化,从而引发不安全状态。

FAL 是指在飞机使用生命期内,为了维持设计安全等级以防发生不安全状态所必须执行的检查任务。FAL 为强制性要求,未经适航部门批准不得改动或删除。

根据 SFAR 88 要求[17],航空制造商必须制定飞机燃油箱系统点火源防护所涉及的适航限制和持续适航文件(ICA)。AWL 要求与 MSG-3 的分析结果均进入相应的 ICA,主要过程见图 6.16。

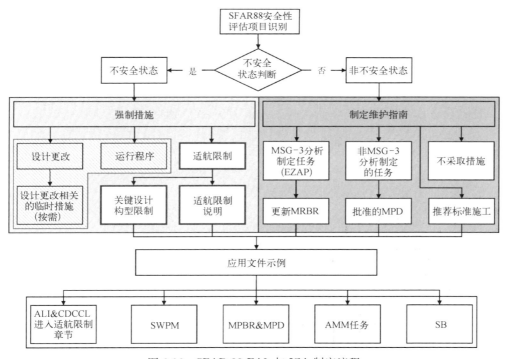

图 6.16　SFAR 88 FAL 与 ICA 制定流程

4) DMC 预计模型所属范畴

本预计模型针对系统(非报废/恢复类)计划维修任务进行 DMC 预计,预计范围如下:

(1) MSG-3 系统及动力装置分析任务,不包括报废(DIS)及恢复(RST)类任务及转入其他 MSG - 3 分析的任务,其主要任务类型为润滑/勤务(LUB/SVC)、操作/目视检查(OPC/VCK)、检查/功能检查(INS/FNC);

（2）CMR 任务,不包含被 MSG - 3 分析所替代的任务,其任务类型与 MSG - 3 系统及动力装置分析产生的任务类型一致,不包含 DIS/RST 任务;

（3）系统 AWL 任务,其中 CDCCL 为伴随性任务,没有周期性间隔,且通常不会产生额外的维修成本,不在本模型预计范围内。因此,系统 AWL 中 FAL 部分为本模型预计对象,其任务类型主要为目视检查、操作及功能性检查。

整理各类系统(非报废/恢复类)计划维修任务,并结合 MTA 分析结果,得到任务汇总表见表 6.14。

表 6.14　系统(非报废/恢复类)检查任务汇总表

序号	ATA	任务名称	任务类型	任务对象	装机数量	任务间隔	接近时间	维修时间	机上材料费用	参考报告
(a)	(b)	(c)	(d)	(e)	(f)	(g)	(h)	(i)	(j)	(k)

注：(a) 序号：流水号,1、2、3;
(b) ATA：任务对应的 ATA 号码,来自分析报告,如 27 - 11 - 00;
(c) 任务名称：检查任务的名称,来自分析报告,如一般目视检查部件 X;
(d) 任务类型：检查任务的类型,来自分析报告,如 GVI;
(e) 任务对象：检查任务的对象,来自分析报告,如部件 X;
(f) 装机数量：单架飞机的装机数量,来自分析报告,如 1 个;
(g) 任务间隔：检查任务的间隔,来自分析报告,如 4 000 飞行小时;
(h) 接近时间：任务的接近时间,来自分析报告,如 0.1 小时;
(i) 维修时间：任务的维修时间,来自分析报告,如 0.2 小时;
(j) 机上材料费用：在机上的原位维修材料费用,来市场数据或服役经验,如 50 美元;
(k) 参考报告：MSG - 3 分析报告,MTA 报告等,便于追溯

2. DMC 预计输入

系统(非报废/恢复类)计划维修任务预计输入,如表 6.15 所示。

表 6.15　系统(非报废/恢复类)计划维修任务 DMC 预计输入

序号	描　　述	重要性	备　　注
1	MSG - 3 系统及动力装置分析报告	必需	系统非报废/恢复类计划维修任务
2	SSA/FTSSA 分析结果	必需	系统非报废/恢复类计划维修任务
3	MTA 分析报告	必需	人工时/航/耗材/接近通路等

3. B2U 预计方法

1）概述

在本预计模型中,对于一个约定层级的任务对象(一般为 LRU、部件、系统),

可存在多个维修任务,这些任务可来自不同的分析来源,且同一来源也可存在多个不同类型任务。例如,同一个 LRU 可在多个 MSG‑3 任务基础上,同时存在 CMR 任务。

底层预计是指对每一个维修任务的 DMC 预计,上一层预计是指每一个约定任务对象的 DMC 预计,该预计结果也可向子系统及系统级别进行汇总,预计过程如图 6.17 所示。

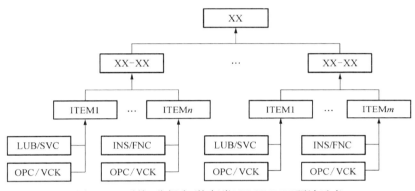

图 6.17　系统(非报废/恢复类)DMC B2U 预计示意

2)　计算方法

系统(非报废/恢复类)DMC 预计按照式(6‑4)计算:

$$\mathrm{DMC}_{\mathrm{ND/NR}} = FQ(H + M) \tag{6-4}$$

其中,$F = \left[\dfrac{1}{\mathrm{INT}_i}\right]_{1 \times n}$ 为频次阵,INT 为任务间隔;$Q = [\mathrm{QPA}_i]_{n \times n}$ 为数量阵,QPA 为每个任务对象在飞机上的安装数量;$H = [\mathrm{LR} \times (T_{\mathrm{Access},\,i} + T_{\mathrm{Mtc},\,i})]_{n \times 1}$ 为人工成本阵,LR 为人工时费率,T_{Access} 为接近时间,T_{Mtc} 为维修时间;$M = [C_{\mathrm{On\_Mat},\,i}]_{n \times 1}$ 为材料成本阵,$C_{\mathrm{On\_Mat}}$ 为机上材料费用。

本计算模型的数据流见图 6.18。

3)　系统非报废/恢复类 DMC 预计案例

以某型飞机飞行控制系统计划维修任务为例进行 DMC 预计,假设如下:

(1) 在该飞机运营期间,飞机年利用率为 2 000 飞行小时/年;

(2) 飞行循环与飞行小时比为 FC∶FH＝1∶2;

(3) 人工时费率为 60 美元/小时。

将相关计划维修任务汇总,见表 6.16。

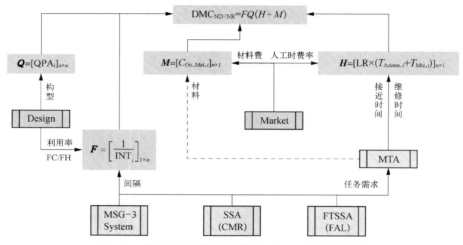

图 6.18　系统(非报废/恢复类)DMC B2U 预计数据流

表 6.16　升降舵任务汇总表

序号	ATA	任务名称	任务类型	任务对象	装机数量	任务间隔	接近时间	维修时间	机上材料费用	参考报告
1	12 - 22 - 31	润滑升降舵机构控制路径组件	LUB	升降舵控制路径组件	1	5 000	3.12	0.75	0	MSG - 3
2	27 - 31 - 00	在无液压动力情况下,操作检查升降舵控制舵面	OPC	升降舵控制舵面	1	5 000	0.02	0.10	0	MSG - 3
3	27 - 31 - 00	功能检查升降舵输入 POGO 杆	FNC	升降舵输入 POGO 杆	1	12 500	0.02	1.70	0	MSG - 3
4	27 - 31 - 00	详细目视检查升降舵调整片杆件及机构	DET	升降舵调整片机构及杆件	1	4 000	0.04	1.00	0	CMR

根据计算公式 $\mathrm{DMC_{ND/NR}}=FQ(H+M)$,分别将输入条件代入四个计算矩阵,以求出 DMC 预计值。根据任务数量,n 取值为 4。

$F=\left[\dfrac{1}{\mathrm{INT}_i}\right]_{1\times n}$ 为频次阵,INT 为任务间隔,根据任务报告,按飞行小时进行计算:

$$F=\left[\frac{1}{\mathrm{INT}_i}\right]_{1\times 4}=\begin{bmatrix}0.000\ 2 & 0.000\ 2 & 0.000\ 08 & 0.000\ 25\end{bmatrix}\mathrm{FH}^{-1}$$

$Q = [\text{QPA}_i]_{n \times n}$ 为数量阵，QPA 为每个任务涉及的项目在飞机上的安装数量，根据输入信息可知，数量阵为

$$Q = [\text{QPA}_i]_{4 \times 4} = \begin{bmatrix} 1 & & & \\ & 1 & & \\ & & 1 & \\ & & & 1 \end{bmatrix}$$

$H = [\text{LR} \times (T_{\text{Access},i} + T_{\text{Mtc},i})]_{n \times 1}$ 为人工成本阵，LR 为人工时费率，T_{Access} 为接近时间，T_{Mtc} 为维修时间，根据任务报告，人工成本阵为

$$H = [\text{LR} \times (T_{\text{Access},i} + T_{\text{Mtc},i})]_{4 \times 1} = \begin{bmatrix} 60 \times (3.12 + 0.75) \\ 60 \times (0.02 + 0.1) \\ 60 \times (0.02 + 1.7) \\ 60 \times (0.04 + 1) \end{bmatrix} \text{美元} = \begin{bmatrix} 232.2 \\ 7.2 \\ 103.2 \\ 62.4 \end{bmatrix} \text{美元}$$

$M = [C_{\text{On\_Mat},i}]_{n \times 1}$ 为材料成本阵，$C_{\text{On\_Mat}}$ 为原位维修成本，根据 MTA 报告及服役经验，材料阵为

$$M = [C_{\text{On\_Mat},i}]_{4 \times 1} = \begin{bmatrix} 0 \\ 0 \\ 0 \\ 0 \end{bmatrix}$$

本例 DMC 预计值为

$$\begin{aligned}
\text{DMC}_{\text{ND/NR}} &= FQ(H + M) \\
&= [0.000\,2 \quad 0.000\,2 \quad 0.000\,08 \quad 0.000\,25] \\
&\quad \cdot \begin{bmatrix} 1 & & & \\ & 1 & & \\ & & 1 & \\ & & & 1 \end{bmatrix} \cdot \left(\begin{bmatrix} 232.2 \\ 7.2 \\ 103.2 \\ 62.4 \end{bmatrix} + \begin{bmatrix} 0 \\ 0 \\ 0 \\ 0 \end{bmatrix} \right) \text{美元／飞行小时} \\
&= 0.071\,736 \text{ 美元／飞行小时}
\end{aligned}$$

各单项计划维修任务的 DMC 预计值为

$$\begin{aligned}
\text{DMC}_{\text{ND/NR},1} &= F_1 Q_1 (H_1 + M_1) = 0.000\,2 \times 1 \times (232.2 + 0) \text{ 美元／飞行小时} \\
&= 0.046\,44 \text{ 美元／飞行小时}
\end{aligned}$$

$$\text{DMC}_{\text{ND/NR},2} = F_2 Q_2 (H_2 + M_2) = 0.000\,2 \times 1 \times (7.2 + 0) \text{ 美元／飞行小时}$$

$$=0.001\,44\ 美元 / 飞行小时$$

$$\mathrm{DMC_{ND/NR.\,3}} = F_3 Q_3 (H_3 + M_3) = 0.000\,08 \times 1 \times (103.2 + 0)\ 美元 / 飞行小时$$
$$= 0.008\,256\ 美元 / 飞行小时$$

$$\mathrm{DMC_{ND/NR.\,4}} = F_4 Q_4 (H_4 + M_4) = 0.000\,25 \times 1 \times (62.4 + 0)\ 美元 / 飞行小时$$
$$= 0.015\,6\ 美元 / 飞行小时$$

且有

$$\mathrm{DMC_{ND/NR}} = \mathrm{DMC_{ND/NR.\,1}} + \mathrm{DMC_{ND/NR.\,2}} + \mathrm{DMC_{ND/NR.\,3}} + \mathrm{DMC_{ND/NR.\,4}}$$
$$= 0.071\,736\ 美元 / 飞行小时$$

将结果整理,得到本例中系统(非报废/恢复类)计划维修任务 DMC 预计结果,见表 6.17。

表 6.17　系统(非报废/恢复类)DMC 预计结果统计表

序号	ATA	任务名称	任务类型	任务对象	DMC 预计值
1	12 - 22 - 31	润滑升降舵机构控制路径组件	LUB	升降舵控制路径组件	0.046 44
2	27 - 31 - 00	在无液压动力情况下,操作检查升降舵控制舵面	OPC	升降舵控制舵面	0.001 44
3	27 - 31 - 00	功能检查升降舵输入 POGO 杆	FNC	升降舵输入 POGO 杆	0.008 256
4	27 - 31 - 00	详细目视检查升降舵调整片杆件及机构	DET	升降舵调整片机构及杆件	0.015 6
		汇总			0.071 736

6.4.5　系统报废/恢复类 DMC 预计方法

1. 维修任务需求的产生

1) MSG - 3 系统及动力装置、L/HIRF 分析方法

(1) MSG - 3 系统及动力装置分析方法

MSG - 3 系统及动力装置分析针对重要维修项目(MSI),分析结果为计划维修任务,包括润滑/勤务(LUB/SVC)、目视/操作检查(VCK/OPC)、一般目视检查(GVI)、详细目视检查(DET)、特殊详细目视检查(SDI)、功能检查(FNC)、恢复(RST)、报废(DIS)等。

作为 MSG - 3 逻辑分析的一部分,对于满足适用性和有效性准则的维修任务,维修工作组应该确定每项计划维修任务的时间间隔,报废/恢复任务的适用性和有效性准则见表 6.18。

表 6.18　维修任务的适用性和有效性准则

任务	适 用 性	安全有效性	使用有效性	经济有效性
恢复	项目必须在某个可鉴定的使用期内显示出功能恶化的特性,并且该项目的大部分必须能生存到该使用期,还必须能把项目恢复到抗故障能力规定的标准	任务必须能降低发生故障的风险,以保证安全使用	任务必须降低发生故障的风险达到一个可接受的水平	任务必须是有经济效果的,即任务的费用低于预防故障的费用
报废	项目必须在某个可鉴定的使用期显示出功能恶化的特性,并且该项目的大部分必须能生存到该使用期	安全生命限制必须能降低发生故障的风险,以保证安全使用	任务必须能降低发生故障的风险到一个可接受的水平	经济生命的限制必须是有经济效果的,即维修任务的费用必须低于预防故障的费用

　　维修工作组应该根据可获得数据和工程经验判断,为每项维修任务选择合适的维修时间间隔。在缺少有关故障和特性的特定数据时,系统维修任务间隔在很大程度上是根据类似系统/部件的使用经验确定的。

　　在 MSG-3 系统及动力装置逻辑分析实际应用于一个项目之前,必须确定飞机的 MSI,即飞机的重要系统和部件。

　　当 MSI 被选定后,必须用下面条款对每一个 MSI 鉴定:

　　① 功能——项目正常的特性作用;

　　② 功能故障——项目不能在规定的极限内履行其指定的功能;

　　③ 故障影响——功能故障的后果是什么;

　　④ 故障原因——为什么发生功能故障。

　　在定义一些功能故障时,需要对系统及其设计原则有一个详细的理解。

　　在计划维修项目中,维修任务和间隔需要用前面所述的程序进行确定。与维修任务相关的经济性和安全性都应当被考虑,以便制定初始预定维修任务/间隔。

　　所有来自供应商的建议都应当得到充分考虑,并要在维修工作组会议上讨论。如果这些建议按照 MSG-3 文件要求是适用且有效的,则应该接受或采纳。典型的逻辑分析流程可参见系统非报废/恢复类 DMC 预计方法的 MSG-3 系统及动力装置分析流程图(图 6.14)。

　　(2) MSG-3 L/HIRF 分析方法

　　MSG-3 L/HIRF 分析针对飞机运营安全相关的电磁和非电磁保护部件,分析结果为计划维修任务,包括 GVI、DET、FNC 及必要的 DIS 等。

　　L/HIRF 分析流程见图 6.11。

　　2) SSA

　　SSA(主要是 FTA)针对灾难和危险的顶事件或中间事件,分析结果为强制执行的计划维修任务(审定维修要求 CMR),任务类型与 MSG-3 系统及动力装置任务相同。

3）FTSSA

FTSSA 针对燃油箱点火源防护,分析结果为强制执行的计划维修任务(燃油系统适航限制 FAL),包括 DET、FNC 等。

4）Safe‑Life 分析

Safe‑Life 分析针对 PSE(主要是起落架结构),分析结果为强制执行的计划维修任务,包括 RST、DIS 等。

5）系统报废/恢复任务

系统报废/恢复任务属于计划维修任务,旨在维持飞机固有的安全性与可靠性水平。任务对象通常是 LRU,任务类型为针对 LRU 的 DIS 和 RST,整理任务信息,得到任务汇总表见表 6.19。

表 6.19　系统报废与恢复任务汇总表

序号	任务名称	任务类型	任务对象	任务间隔	接近时间	维修时间	报废成本	参考报告
(a)	(b)	(c)	(d)	(e)	(f)	(g)	(h)	(i)

注:(a) 序号:流水号,1、2、3;
(b) 任务名称:报废与恢复任务的名称,来自分析报告,如报废主起落架;
(c) 任务类型:报废与恢复任务的类型,来自分析报告,如 DIS;
(d) 任务对象:报废与恢复任务的对象,来自分析报告,如主起落架;
(e) 任务间隔:报废与恢复任务的间隔,来自分析报告,如 4 000 飞行小时;
(f) 接近时间:报废与恢复的接近时间,来自分析报告,如 0.1 小时;
(g) 维修时间:报废与恢复的维修时间,来自分析报告,如 0.2 小时;
(h) 报废成本:报废件的成本,来自供应商,如 100 美元;
(i) 参考报告:MSG‑3 分析报告,MTA 报告等,便于追溯

2. DMC 预计输入

系统报废与恢复 DMC 预计需要输入见表 6.20。

表 6.20　DMC 预计输入

序号	描　　述	重要性	备　　注
1	MSG‑3 系统分析报告	必需	系统任务
2	MSG‑3L/HIRF 分析报告	必需	L/HIRF 任务
3	MTA 分析报告	必需	人工时、航/耗材、接近通路等
4	供应商数据	必需	报废成本和材料成本
5	年利用率	重要	时间单位折算
6	飞行循环与飞行小时比	重要	时间单位折算
7	人工时费率	重要	计算人工成本
8	相似机型服役经验	重要	参考人工时和材料成本

3. B2U 预计方法

1）概述

对于一个项目，可能有多个维修任务，例如，同一个系统可能包含多个子系统，一个子系统又会包含多个 LRU，而一个 LRU 又可能会有报废/恢复任务。底层预计是指对每一个报废/恢复任务的 DMC 预计，上一层预计是指每一个 LRU 的 DMC 预计，然后是每一个子系统项目的 DMC 预计，再上一层是每一个系统项目的 DMC 预计，如图 6.19 所示。

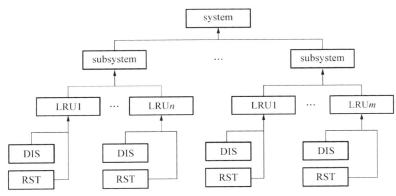

图 6.19　系统报废/恢复 DMC B2U 预计示意

2）计算方法

系统报废/恢复类 DMC 预计按照式（6-5）计算：

$$\mathrm{DMC_{D/R}} = FQ(H + M) \tag{6-5}$$

其中，$\boldsymbol{F} = \left[\dfrac{1}{\mathrm{INT}_i}\right]_{1 \times n}$ 为频次阵，INT 为任务间隔；$\boldsymbol{Q} = [\mathrm{QPA}_i]_{n \times n}$ 为数量阵，QPA 为每个任务涉及的项目在飞机上的安装数量；$\boldsymbol{H} = [\mathrm{LR} \times (T_{\mathrm{Access},\,i} + T_{\mathrm{Mtc},\,i})]_{n \times 1}$ 为人工成本阵，LR 为人工时费率，T_{Access} 为接近时间，T_{Mtc} 为维修时间；$\boldsymbol{M} = [C_{\mathrm{On\_Mat},\,i} + \overline{C}_{\mathrm{D/R},\,i}]_{n \times 1}$ 为材料成本阵，$C_{\mathrm{On\_Mat}}$ 为原位维修成本，$\overline{C}_{\mathrm{D/R}}$ 为平均报废/恢复成本。

本计算模型的数据流见图 6.20。

3）系统报废/恢复类 DMC 预计案例

以某型客机的起落架系统中主起落架及其支撑结构的报废任务和飞行控制系统中升降舵铰链轴承的报废任务为例，进行 DMC 预计。根据任务报告，得到相关任务信息。本例中，假设如下：

（1）在该飞机运营期间，飞机年利用率为 2 000 飞行小时/年；

（2）飞行循环与飞行小时比为 FC∶FH＝1∶2；

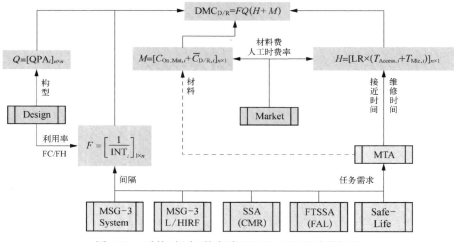

图 6.20　系统(报废/恢复类)DMC B2U 预计数据流

（3）人工时费率为 60 美元/小时。

（1）起落架系统中主起落架及其支撑结构的报废任务

此报废任务为 2 项，根据 Safe - Life 分析得时间间隔均为 90 000 飞行小时，任务的接近时间均为 0.5 小时，任务的维修时间分别为 10 小时、5 小时，报废成本分别为 500 000 美元、50 000 美元。

将系统报废与恢复任务汇总，见表 6.21。

表 6.21　系统报废任务汇总表

序号	任 务 名 称	任务类型	任务间隔	接近时间	维修时间	报废成本	参考报告
1	报废主起落架	DIS	90 000 飞行小时	0.5 小时	10 小时	500 000 美元	Safe - Life 分析报告
2	报废主起落架支撑结构	DIS	90 000 飞行小时	0.5 小时	5 小时	50 000 美元	Safe - Life 分析报告

根据计算公式 $DMC_{D/R} = FQ(H + M)$，分别将输入条件代入四个计算矩阵，以求出 DMC 预计值。根据区域任务数量，n 取值为 2。

$F = \left[\dfrac{1}{INT_i} \right]_{1 \times n}$ 为频次阵，INT 为任务间隔，根据任务报告，按飞行小时进行计算：

$$F = \left[\frac{1}{INT_i} \right]_{1 \times n} = [1/90\,000 \quad 1/90\,000] FH^{-1}$$

$Q = [QPA_i]_{n \times n}$ 为数量阵，QPA 为每个任务涉及的项目在飞机上的安装数量，根据飞机构型：

$$Q = \left[\text{QPA}_i\right]_{2\times 2} = \begin{bmatrix} 2 & \\ & 2 \end{bmatrix}$$

$H = \left[\text{LR} \times (T_{\text{Access.}\,i} + T_{\text{Mtc.}\,i})\right]_{n\times 1}$ 为人工成本阵，LR 为人工时费率，T_{Access} 为接近时间，T_{Mtc} 为维修时间，根据任务报告：

$$H = \left[\text{LR} \times (T_{\text{Access.}\,i} + T_{\text{Mtc.}\,i})\right]_{2\times 1} = \begin{bmatrix} 60 \times (0.5 + 10) \\ 60 \times (0.5 + 5) \end{bmatrix} \text{美元} = \begin{bmatrix} 630 \\ 330 \end{bmatrix} \text{美元}$$

$M = \left[C_{\text{On\_Mat.}\,i} + \overline{C}_{\text{D/R.}\,i}\right]_{n\times 1}$ 为材料成本阵，$C_{\text{On\_Mat}}$ 为原位维修成本，假设为 0：

$$M = \left[C_{\text{On\_Mat.}\,i} + \overline{C}_{\text{D/R.}\,i}\right]_{2\times 1} = \begin{bmatrix} 500\,000 \\ 50\,000 \end{bmatrix} \text{美元}$$

该系统报废任务的 DMC 预计值为

$$\begin{aligned}
\text{DMC}_{\text{D/R}} &= FQ(H + M) \\
&= \begin{bmatrix} 1/90\,000 & 1/90\,000 \end{bmatrix} \\
&\quad \cdot \begin{bmatrix} 2 & \\ & 2 \end{bmatrix} \cdot \left(\begin{bmatrix} 630 \\ 330 \end{bmatrix} + \begin{bmatrix} 500\,000 \\ 50\,000 \end{bmatrix} \right) \text{美元／飞行小时} \\
&= 12.243\,5 \text{ 美元／飞行小时}
\end{aligned}$$

该系统各单项报废任务的 DMC 预计值为

$$\begin{aligned}
\text{DMC}_{\text{D/R.}\,1} &= F_1 Q_1 (H_1 + M_1) = 0.000\,01 \times 2 \times (600 + 500\,000) \text{ 美元／飞行小时} \\
&= 11.125\,1 \text{ 美元／飞行小时}
\end{aligned}$$

$$\begin{aligned}
\text{DMC}_{\text{D/R.}\,2} &= F_2 Q_2 (H_2 + M_2) = 0.000\,01 \times 2 \times (300 + 50\,000) \text{ 美元／飞行小时} \\
&= 1.118\,4 \text{ 美元／飞行小时}
\end{aligned}$$

且有

$$\text{DMC}_{\text{D/R}} = \text{DMC}_{\text{D/R.}\,1} + \text{DMC}_{\text{D/R.}\,2} = 12.243\,5 \text{ 美元／飞行小时}$$

将结果整理，得到系统报废 DMC 预计结果统计表，见表 6.22。

表 6.22　系统报废 DMC 预计结果统计表

序号	任务名称	任务类型	DMC 预计值
1	报废主起落架	DIS	11.125 1 美元/飞行小时
2	报废主起落架支撑结构	DIS	1.118 4 美元/飞行小时
合　　计			12.243 5 美元/飞行小时

（2）飞行操纵系统中升降舵铰链轴承的报废任务

此报废任务为 1 项，由 CMR 得时间间隔为 8 000 飞行小时，任务的接近时间均为 0.2 小时,任务的维修时间为 0.5 小时,报废成本分别为 1 000 美元。

将系统报废任务汇总,见表 6.23。

表 6.23　系统报废任务汇总表

任 务 名 称	任务类型	任务间隔	接近时间	维修时间	报废成本	报告名称
报废升降舵铰链轴承	DIS	8 000 飞行小时	0.2 小时	0.5 小时	1 000 美元	—

根据计算公式 $\mathrm{DMC_{D/R}} = FQ(H+M)$,分别将输入条件代入四个计算矩阵,以求出 DMC 预计值。根据区域任务数量,n 取值为 1。

$F = \left[\dfrac{1}{\mathrm{INT}_i}\right]_{1\times n}$ 为频次阵,INT 为任务间隔,根据任务报告,按飞行小时进行计算:

$$F = \left[\frac{1}{\mathrm{INT}_i}\right]_{1\times 1} = 0.000\ 125\ \mathrm{FH}^{-1}$$

$Q = [\mathrm{QPA}_i]_{n\times n}$ 为数量阵,QPA 为每个任务涉及的项目在飞机上的安装数量,根据飞机构型:

$$Q = [\mathrm{QPA}_i]_{1\times 1} = 12$$

$H = [\mathrm{LR} \times (T_{\mathrm{Access},i} + T_{\mathrm{Mtc},i})]_{n\times 1}$ 为人工成本阵,LR 为人工时费率,T_{Access} 为接近时间,T_{Mtc} 为维修时间,根据任务报告:

$$H = [\mathrm{LR} \times (T_{\mathrm{Access},i} + T_{\mathrm{Mtc},i})]_{1\times 1} = 60 \times (0.2+0.5)\ 美元 = 42\ 美元$$

$M = [C_{\mathrm{On\_Mat},i} + \overline{C}_{\mathrm{D/R},i}]_{n\times 1}$ 为材料成本阵,$C_{\mathrm{On\_Mat}}$ 为原位维修成本,假设为 $\overline{C}_{\mathrm{D/R}}$ 为平均报废/恢复成本,根据输入文件:

$$M = [C_{\mathrm{On\_Mat},i} + \overline{C}_{\mathrm{D/R},i}]_{1\times 1} = 1\ 000\ 美元$$

该系统报废任务的 DMC 预计值为

$$\begin{aligned}\mathrm{DMC_{D/R}} &= FQ(H+M)\\ &= 0.000\ 125 \times 12 \times (42+1\ 000)\ 美元／飞行小时\\ &= 1.563\ 美元／飞行小时\end{aligned}$$

将结果整理,得到系统报废 DMC 预计结果统计表,见表 6.24。

表 6.24　系统报废 DMC 预计结果统计表

任 务 名 称	任务类型	DMC 预计值
报废升降舵铰链轴承	DIS	1.563 美元/FH

6.4.6　系统非计划类 DMC 预计方法

1. 维修任务需求的产生

1）LSA FMEA 分析方法

LSA FMEA 是确定飞机系统相关的修复性维修任务需求以及排故任务需求的主要工作，是整个维修工程分析的关键环节。LSA FMEA 的分析对象为由内因导致的可探测的显性故障，不可探测的隐性故障不属于 LSA FMEA 分析的范畴。

LSA FMEA 分析主要包含下面几个步骤：

（1）LSA 系统树构建；

（2）工程 FMEA 报告整合；

（3）故障模式分组；

（4）故障模式探测方法分析；

（5）故障模式定位方法分析；

（6）排故需求分析；

（7）报表生成，主要包括 LSA FMEA 报表、维修任务需求以及影响设计建议。

每个步骤都包含几个子步骤，详细分析流程图见图 6.21。

2）系统非计划维修任务

系统非计划维修任务源于 LSA FMEA 分析。LSA FMEA 基于工程 FMEA 开展，针对约定层级（通常为航线可更换单元 LRU）进行分析，分析结果为非计划维修任务需求，任务类型通常为拆卸/安装。

本书规定的系统非计划维修任务需要结合 LSA FMEA 报告与 MTA 报告并整理任务信息，最终得到任务汇总表，见表 6.25。

表 6.25　系统非计划维修任务汇总表

序号	ATA	任务对象	任务类型	装机数量	非计划维修费	误拆率	误拆费用	原位维修成本	MTBF	接近时间	维修时间	参考报告
(a)	(b)	(c)	(d)	(e)	(f)	(g)	(h)	(i)	(j)	(k)	(l)	(m)

注：（a）序号：流水号，1、2、3。

（b）ATA：维修任务 ATA 章节号，来自分析报告，如 49 - 27 - 17。

（c）任务对象：检查任务的对象，来自分析报告，如滑油温度传感器。

（d）任务类型：检查任务的类型，来自分析报告，如 R/I。

（e）装机数量：单架飞机装机数量，来自分析报告，如 1。

（f）非计划维修费：非计划维修任务产生的费用，来自供应商数据或服役经验，如 105 美元。

（g）误拆率：无故障发现概率，来自供应商数据或服役经验，如 0.05。

（h）误拆费用：无故障发现产生的费用，来自供应商数据或服役经验，如 246 美元。

（i）原位维修成本：机上维修时材料的费用，来自供应商数据或服役经验，如 100 美元。

（j）MTBF：平均故障间隔时间，来自分析报告，如 240 000 飞行小时。

（k）接近时间：任务的接近时间，来自分析报告，如 0.1 小时。

（l）维修时间：任务的维修时间，来自分析报告，如 0.2 小时。

（m）参考报告：LSA FMEA 报告，MTA 报告等，便于追溯。

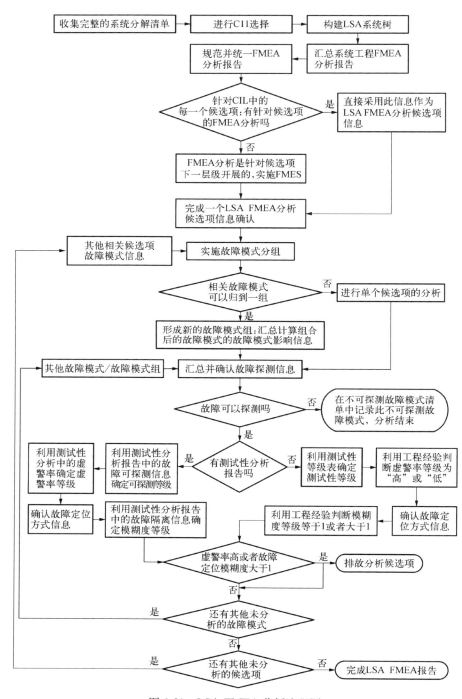

图 6.21 LSA FMEA 分析流程图

2. DMC 预计输入

系统非计划维修任务 DMC 预计需要输入如表 6.26 所示。

表 6.26 DMC 预计输入

序号	描 述	重要性	备 注
1	LSA FMEA 分析报告	必需	任务
2	工程 FMEA 报告	必需	MTBF
3	MTA 分析报告	必需	人工时、航/耗材
4	供应商数据	必需	计算材料成本、误拆率等
5	人工时费率	重要	计算人工成本
6	相似机型服役经验	重要	参考人工时和材料成本

3. B2U 预计方法

1）概述

对于一个项目,可能有多个系统非计划维修任务。例如,同一个系统可能包含多个子系统,一个子系统又可能包含多个 LRU,而每个 LRU 也有拆卸/安装任务。底层预计是指对每一个拆卸/安装任务的 DMC 预计,上一层预计是指每一个 LRU 的 DMC 预计,然后是每一个子系统项目的 DMC 预计,最后是每一个系统项目的 DMC 预计。

系统非计划维修任务 DMC B2U 预计示意图见图 6.22。

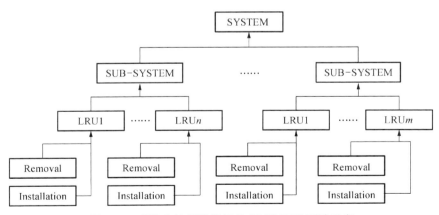

图 6.22 系统非计划维修任务 DMC B2U 预计示意

2）计算方法

系统非计划维修任务 DMC 预计按照式(6-6)计算:

$$\text{DMC}_{US} = FQ(H+M) \tag{6-6}$$

其中，$\boldsymbol{F} = \left[\dfrac{1}{\text{MTBUR}_i}\right]_{1\times n}$ 为频次阵，$\text{MTBUR} = \text{MTBF}(1-R_{NFF})$ 为平均非计划拆换间隔，飞行小时；MTBF 为平均故障间隔时间，飞行小时；R_{NFF} 为误拆率；$\boldsymbol{Q} = [\text{QPA}_i]_{n\times n}$ 为数量阵，QPA 为单架飞机装机数量；$\boldsymbol{H} = [\text{LR} \times (T_{\text{Access},i} + T_{\text{Mtc},i})]_{n\times 1}$ 为人工成本阵，LR 为人工时费率，T_{Access} 为接近时间，T_{Mtc} 为维修时间；$\boldsymbol{M} = [C_{\text{On\_Mat},i} + (1-R_{\text{NFF},i}) \times \overline{C}_{\text{Rep},i} + R_{\text{NFF},i} \times \overline{C}_{\text{NFF},i}]_{n\times 1}$ 为材料成本阵，$C_{\text{On\_Mat}}$ 为原位维修成本，$\overline{C}_{\text{Rep}}$ 为平均修理成本，$\overline{C}_{\text{NFF}}$ 为平均误拆成本。

本计算模型的数据流见图 6.23。

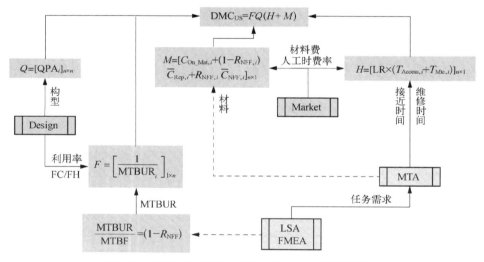

图 6.23　系统非计划维修任务 DMC B2U 预计数据流

3）系统非计划类 DMC 预计案例

以某型客机的 APU 系统部分 LRU 任务拆卸/安装为例进行 DMC 预计。任务包含 APU 发动机及齿轮箱拆卸/安装、滑油温度传感器拆卸/安装与废气温度热电偶拆卸/安装。本例中，假设如下：

（1）人工时费率为 60 美元/小时；

（2）每项任务的接近时间为 0.1 小时；

（3）每项任务的维修时间为 0.2 小时；

（4）原位维修成本为 100 美元。

结合 LSA FMEA 报告、供应商数据和经验数据，得到汇总表，见表 6.27。

表 6.27　非计划维修任务汇总表

序号	ATA	任务对象	任务类型	装机数量	非计划维修费	误拆率	误拆费用	原位维修成本	MTBF	接近时间	维修时间	参考报告
1	49-21-01	APU 发动机及齿轮箱	R/I	1	213 000	0.1	7 432	100	20 000	0.1	0.2	—
2	49-27-17	滑油温度传感器	R/I	1	105	0.05	246	100	320 000	0.1	0.2	—
3	49-71-01	废气温度热电偶	R/I	2	2 653	0.05	375	100	240 000	0.1	0.2	—

根据计算公式 $DMC_{US} = FQ(H+M)$，分别将输入条件代入四个计算矩阵，以求出 DMC 预计值。根据任务数量，n 取值为 3。

$$\boldsymbol{F} = \left[\frac{1}{MTBUR_i}\right]_{1 \times n}$$ 为频次阵，其中 $MTBUR = MTBF(1-R_{NFF})$ 为平均非计划拆换间隔，单位 FH。由于 MTBF 与 R_{NFF} 均已给出，因此得出

$$\boldsymbol{F} = \left[\frac{1}{MTBUR_i}\right]_{1 \times 3} = \left[\frac{1}{MTBF_i(1-R_{NFF.i})}\right]_{1 \times 3}$$
$$= [0.000\ 055\ 56 \quad 0.000\ 003\ 29 \quad 0.000\ 004\ 39] FH^{-1}$$

$\boldsymbol{Q} = [QPA_i]_{n \times n}$ 为数量阵，QPA 为每个任务涉及的项目在飞机上的安装数量，根据汇总表得出

$$\boldsymbol{Q} = [QPA_i]_{3 \times 3} = \begin{bmatrix} 1 & & \\ & 1 & \\ & & 2 \end{bmatrix}$$

$\boldsymbol{H} = [LR \times (T_{Access.i} + T_{Mtc.i})]_{n \times 1}$ 为人工成本阵，LR 为人工时费率，T_{Access} 为接近时间，T_{Mtc} 为维修时间，参考汇总表，在本算例中取人工时费率 LR = 60 美元/小时，根据任务报告：

$$\boldsymbol{H} = [LR \times (T_{Access.i} + T_{Mtc.i})]_{3 \times 1} = \begin{bmatrix} 60 \times (0.1+0.2) \\ 60 \times (0.1+0.2) \\ 60 \times (0.1+0.2) \end{bmatrix} 美元 = \begin{bmatrix} 18 \\ 18 \\ 18 \end{bmatrix} 美元$$

$\boldsymbol{M} = [C_{On\_Mat.i} + (1-R_{NFF.i})\overline{C}_{Rep.i} + R_{NFF.i}\overline{C}_{NFF.i}]_{n \times 1}$ 为材料成本阵，C_{On_Mat} 为原位维修成本，$\overline{C}_{Rep}$ 为平均修理成本，$\overline{C}_{NFF}$ 为平均误拆成本，根据汇总表可得

$$\boldsymbol{M} = [C_{On\_Mat.i} + (1-R_{NFF.i})\overline{C}_{Rep.i} + R_{NFF.i}\overline{C}_{NFF.i}]_{3 \times 1}$$

$$= \begin{bmatrix} 100 + (1-0.1) \times 213\,000 + 0.1 \times 7\,432 \\ 100 + (1-0.05) \times 105 + 0.05 \times 246 \\ 100 + (1-0.05) \times 2\,653 + 0.05 \times 375 \end{bmatrix}$$

$$= \begin{bmatrix} 192\,543.2 \\ 212.05 \\ 2\,639.1 \end{bmatrix}$$

该系统部分 LRU 的 DMC 预计值为

$$\text{DMC}_{\text{US}} = FQ(H+M)$$
$$= \begin{bmatrix} 0.000\,055\,56 & 0.000\,003\,29 & 0.000\,004\,39 \end{bmatrix}$$
$$\cdot \begin{bmatrix} 1 & & \\ & 1 & \\ & & 2 \end{bmatrix} \cdot \left(\begin{bmatrix} 18 \\ 18 \\ 18 \end{bmatrix} + \begin{bmatrix} 192\,543.2 \\ 212.05 \\ 2\,639.1 \end{bmatrix} \right) \text{美元／飞行小时}$$
$$= 10.722\,8\ \text{美元／飞行小时}$$

该系统各个 LRU 的 DMC 预计值为

$$\text{DMC}_{\text{US},1} = F_1 Q_1 (H_1 + M_1) = 0.000\,055\,56 \times 1 \times (18 + 192\,543.2)\ \text{美元／飞行小时}$$
$$= 10.698\,7\ \text{美元／飞行小时}$$

$$\text{DMC}_{\text{US},2} = F_2 Q_2 (H_2 + M_2) = 0.000\,003\,29 \times 1 \times (18 + 212.05)\ \text{美元／飞行小时}$$
$$= 0.000\,8\ \text{美元／飞行小时}$$

$$\text{DMC}_{\text{US},3} = F_3 Q_3 (H_3 + M_3) = 0.000\,004\,39 \times 2 \times (18 + 2\,639.1)\ \text{美元／飞行小时}$$
$$= 0.023\,3\ \text{美元／飞行小时}$$

且有

$$\text{DMC}_{\text{US}} = \text{DMC}_{\text{US},1} + \text{DMC}_{\text{US},2} + \text{DMC}_{\text{US},3} = 10.722\,8\ \text{美元／飞行小时}$$

将结果整理,得到系统非计划维修任务 DMC 预计结果统计表,见表 6.28。

表 6.28 系统非计划维修任务 DMC 预计结果统计表

序号	ATA	任务对象	任务类型	DMC 预计值
1	49-21-01	APU 发动机及齿轮箱	R/I	10.698 7
2	49-27-17	滑油温度传感器	R/I	0.000 8
3	49-71-01	废气温度热电偶	R/I	0.023 3
		合　计		10.722 8

6.4.7　特殊事件导向的 DMC 预计方法

1. 维修任务需求的产生

1) DSEA 简介

民用飞机在运营期间会遇到因自然因素导致的特殊事件,如鸟击、雷击、冰雹等,以及由飞机自身的超限使用导致的特殊事件,如机尾擦地、重着陆、硬着陆等。某些特殊事件发生后会导致不同程度的飞机结构损伤或系统功能失效,影响飞机的持续适航。因此,特殊事件发生或疑似发生后,必须按照飞机维护手册(AMM)05 章时限/维护检查要求进行视情检查。这些检查任务是通过 DSEA 得到的,分析流程见图 6.24。

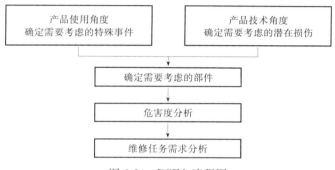

图 6.24　DSEA 流程图

2) 特殊事件导向的预防性维修任务

特殊事件导向的维修任务分为 3 个阶段,阶段 1 和阶段 2 属于确认损伤的检查任务,阶段 3 通常是修理任务,每一阶段的任务依赖前一阶段的结果:

(1) 阶段 1,即对部件/组件的一般检查,通常为一般目视检查(GVI),以及为了检查而进行的必要清洁任务,如鸟撞后对机体的清洁任务;

(2) 阶段 2,针对阶段 1 检查结果,发现损伤后进行的检查/检验,如详细目视检查、特殊详细目视检查(DET)和特殊详细目视检查(SDI),以及必要的系统操作检查(OPC)和功能测试(FNC);

(3) 阶段 3,针对阶段 2 结果,发现损伤后进行的部件/组件拆换任务和按照结构修理手册(SRM)进行的修理任务。

本书规定的特殊事件导向的维修任务,只包括阶段 1 的检查任务。结合 MTA 报告,任务汇总表见表 6.29。

2. DMC 预计输入

特殊事件导向的非计划维修任务的 DMC 预计输入如表 6.30 所示。

表 6.29　特殊事件导向的非计划维修任务汇总表

序号	特殊事件	发生概率	航段时间	任务对象	任务类型	影响概率	接近时间	维修时间	参考报告
(a)	(b)	(c)	(d)	(e)	(f)	(g)	(h)	(i)	(j)

注：(a) 序号：流水号，1、2、3；
(b) 特殊事件：特殊事件名称，来自分析报告，如鸟击；
(c) 发生概率：特殊事件发生的概率，单位 1/飞行，来自分析报告，如 1.67×10^{-5} 次/飞行；
(d) 航段时间：特殊事件发生的飞行阶段持续的时间，来自分析报告，如爬升阶段 0.15 小时/飞行；
(e) 任务对象：阶段 1 任务的对象，来自分析报告，如机翼；
(f) 任务类型：阶段 1 任务的类型，来自分析报告，如 GVI；
(g) 影响概率：阶段 1 任务的对象受特殊事件影响的概率，如 43%；
(h) 接近时间：任务的接近时间，来自分析报告，如 0.01 小时；
(i) 维修时间：任务的维修时间，来自分析报告，如 0.15 小时；
(j) 参考报告：DSEA 报告，MTA 报告等，便于追溯

表 6.30　DMC 预计输入

序号	描　　述	重要性	备　　注
1	DSEA 报告	必需	特殊事件导向的任务
2	MTA 报告	必需	人工时、航/耗材、接近通路等
3	人工时费率	重要	计算人工成本
4	供应商数据	重要	计算材料成本
5	相似机型服役经验	重要	参考人工时和材料成本

3. B2U 预计方法

1）概述

底层预计是指对每一个维修任务的 DMC 预计。对于一个特殊事件的阶段 1 任务，可能有多个任务，例如，同一个特殊事件发生在不同的部位，每个部位都需要检查。上一层预计是指每一个特殊事件的 DMC 预计，见图 6.25。

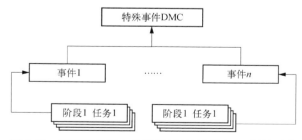

图 6.25　特殊事件导向的维修任务 DMC B2U 预计示意

2）计算方法

特殊事件导向的非计划类 DMC 按照式（6-7）计算：

$$\mathrm{DMC_{SE}} = \mathrm{tr}(FQ(H+M))$$

$$= \mathrm{tr}\Big(\Big[\frac{P_{ij}}{\mathrm{ALT}_i}\Big]_{n\times m} E_{m\times m}\big(\big[\mathrm{LR}\times(T_{\mathrm{Access},\,ji} + T_{\mathrm{Mtc},\,ji})\big]_{m\times n}$$

$$+ \big[C_{\mathrm{On\_Mat},\,ji}\big]_{m\times n}\big)\Big) \tag{6-7}$$

其中，$\mathrm{tr}(\cdot)$ 为矩阵的迹运算，表示方阵的主对角元素之和；$\boldsymbol{F}=\Big[\dfrac{P_{ij}}{\mathrm{ALT}_i}\Big]_{n\times m}$ 为频次阵，P_{ij} 为每个特殊事件作用到不同部件上的概率，设某特殊事件的概率为 p_i，单位 1/飞行，作用到不同部件，每个部件受影响的比率为 q_{ij}，且满足 $\sum\limits_{i,\,j=1}^{m} q_{ij}=1$，则 $P_{ij}=p_i\times q_{ij}$，ALT_i 为平均航段时间，表示不同飞行阶段的持续时间；$\boldsymbol{Q}=E_{m\times m}$ 为单位阵，起到协调作用；$\boldsymbol{H}=\big[\mathrm{LR}\times(T_{\mathrm{Access},\,ji} + T_{\mathrm{Mtc},\,ji})\big]_{m\times n}$ 为人工成本阵，LR 为人工时费率；T_{Access} 为接近时间；T_{Mtc} 为维修时间；$\boldsymbol{M}=\big[C_{\mathrm{On\_Mat},\,ji}\big]_{m\times n}$ 为材料成本阵，$C_{\mathrm{On\_Mat}}$ 为原位维修成本。

本计算模型的数据流见图 6.26。

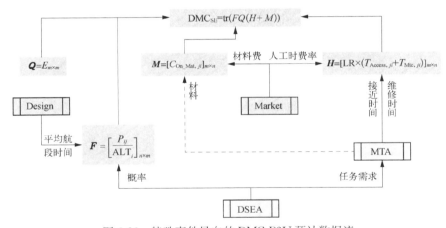

图 6.26　特殊事件导向的 DMC B2U 预计数据流

3）特殊事件 DMC 预计案例

以某机型遭受雷击为例，说明特殊事件导向的非计划类 DMC 预计方法。雷击事件特点如下：

（1）雷击总是在飞机机体上造成两个或两个以上的雷击点（一个进入点，一个退出点）；

（2）雷击进入点和退出点是沿着机身向后移动形成（受雷击区域），可以形成沿飞机飞行方向连续的雷击遭受点；

（3）对于有些区域，是经常遭受雷击的。

根据遭受雷击的可能性程度，机身可以分为三部分[18]，如图 6.27 所示：

（1）区域 1，这些表面最优可能使雷击最初在机体上形成附着点（进入或退出点）；

（2）区域 2，这些表面有可能使雷击形成"延续雷击"或"多出雷击"情况，雷击有时先进入区域 1 后再进入区域 2；

（3）区域 3，该区域包括机身上除上述区域 1 和区域 2 以外的所有区域，这些表面没有可能遭受雷击，然而，该区域有可能成为强大的雷击电流由区域 3 到达两个雷击遭受点，同样区域 3 的电流也可以到达区域 1 和区域 2。

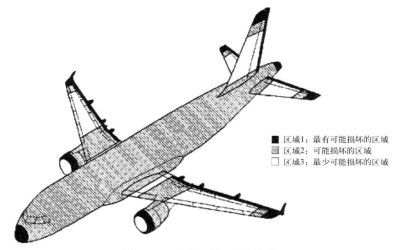

■ 区域1：最有可能损坏的区域
▨ 区域2：可能损坏的区域
□ 区域3：最少可能损坏的区域

图 6.27　雷击区域（后附彩图）

雷击后阶段 1 任务汇总表见表 6.31。

表 6.31　雷击后阶段 1 维修任务汇总表

发生概率		4.14×10⁻⁵		平均航段时间/小时		2
序号	任务对象	任务类型	影响比率	接近时间/小时	维修时间/小时	参考报告
1	雷达罩	GVI	45%	0	0.15	——
2	风挡	GVI	2%	0	0.24	——
3	起落架舱门	GVI	2%	0	0.8	——
4	起落架	GVI	1%	0	0.6	——
5	整流罩	GVI	1%	0	0.3	——
6	机身（天线）	GVI	9%	0	1.2	——
7	机翼	GVI	11%	0	1.2	——

续　表

发生概率			4.14×10^{-5}	平均航段时间/小时		2
序号	任务对象	任务类型	影响比率	接近时间/小时	维修时间/小时	参考报告
8	发动机	DET	8%	0	0.6	—
9	垂直安定面	GVI	15%	0	0.2	—
10	水平安定面	GVI	6%	0	0.4	—

根据计算公式 $\mathrm{DMC_{SE}} = \mathrm{tr}(FQ(H+M))$，分别将输入条件代入四个计算矩阵，以求出 DMC 预计值。本例只选取 1 个特殊事件，n 取值为 1，根据涉及的任务对象数量，m 取值为 10，雷击事件发生概率为 $p = 4.14 \times 10^{-5}$ 次/飞行，ALT=2 飞行小时/飞行，计算过程简化如下。

$$F = \left[\frac{P_{ij}}{\mathrm{ALT}_i}\right]_{n \times m}$$ 为频次阵，根据题设数据可知

$$F = \left[\frac{P_{ij}}{\mathrm{ALT}_i}\right]_{1 \times 10} = \frac{4.14 \times 10^{-5}}{2} \cdot \begin{bmatrix} 0.45 \\ 0.02 \\ 0.02 \\ 0.01 \\ 0.01 \\ 0.09 \\ 0.11 \\ 0.08 \\ 0.15 \\ 0.06 \end{bmatrix}^{\mathrm{T}} \mathrm{FH}^{-1} = \begin{bmatrix} 0.93 \times 10^{-5} \\ 4.14 \times 10^{-7} \\ 4.14 \times 10^{-7} \\ 2.07 \times 10^{-7} \\ 2.07 \times 10^{-7} \\ 1.86 \times 10^{-6} \\ 2.27 \times 10^{-6} \\ 1.65 \times 10^{-6} \\ 3.10 \times 10^{-6} \\ 1.24 \times 10^{-6} \end{bmatrix}^{\mathrm{T}} \mathrm{FH}^{-1}$$

$Q = E_{m \times m}$ 为单位阵，起到协调作用，$H = [\mathrm{LR} \times (T_{\mathrm{Access},ji} + T_{\mathrm{Mtc},ji})]_{m \times n}$ 为人工成本阵，LR 为人工时费率，设为 60 美元/小时，T_{Access} 为接近时间，T_{Mtc} 为维修时间，根据题设条件：

$$H = [\mathrm{LR} \times (T_{\mathrm{Access},ji} + T_{\mathrm{Mtc},ji})]_{10 \times 1} = \begin{bmatrix} 60 \times 0.15 \\ 60 \times 0.24 \\ 60 \times 0.8 \\ 60 \times 0.6 \\ 60 \times 0.3 \\ 60 \times 1.2 \\ 60 \times 1.2 \\ 60 \times 0.6 \\ 60 \times 0.2 \\ 60 \times 0.4 \end{bmatrix} 美元 = \begin{bmatrix} 9 \\ 14.4 \\ 48 \\ 36 \\ 18 \\ 72 \\ 72 \\ 36 \\ 12 \\ 24 \end{bmatrix} 美元$$

$M = [C_{\text{On\_Mat}, ji}]_{m \times n}$ 为材料成本阵，$C_{\text{On\_Mat}}$ 为原位维修成本。在本例中设材料成本为

$$M = [C_{\text{On\_Mat}, j}]_{10 \times 1} = 0$$

该雷击事件的 DMC 预计值为

$$\text{DMC}_{\text{SE}} = \text{tr}(FQ(H+M)) = \begin{bmatrix} 0.93 \times 10^{-5} \\ 4.14 \times 10^{-7} \\ 4.14 \times 10^{-7} \\ 2.07 \times 10^{-7} \\ 2.07 \times 10^{-7} \\ 1.86 \times 10^{-6} \\ 2.27 \times 10^{-6} \\ 1.65 \times 10^{-6} \\ 3.10 \times 10^{-6} \\ 1.24 \times 10^{-6} \end{bmatrix}^{\text{T}} \cdot \begin{bmatrix} 9 \\ 14.4 \\ 48 \\ 36 \\ 18 \\ 72 \\ 72 \\ 36 \\ 12 \\ 24 \end{bmatrix} \quad \text{美元 / 飞行小时}$$

$$= 5.45 \times 10^{-4} \text{ 美元 / 飞行小时}$$

在该雷击事件中，各部件的 DMC 预计值为

$$\text{DMC}_{\text{SE\_1}} = \text{tr}(F_1 Q_1 (H_1 + M_1)) = 8.37 \times 10^{-5} \text{ 美元 / 飞行小时}$$

$$\text{DMC}_{\text{SE\_2}} = \text{tr}(F_2 Q_2 (H_2 + M_2)) = 5.96 \times 10^{-6} \text{ 美元 / 飞行小时}$$

$$\text{DMC}_{\text{SE\_3}} = \text{tr}(F_3 Q_3 (H_3 + M_3)) = 1.99 \times 10^{-5} \text{ 美元 / 飞行小时}$$

$$\text{DMC}_{\text{SE\_4}} = \text{tr}(F_4 Q_4 (H_4 + M_4)) = 7.45 \times 10^{-6} \text{ 美元 / 飞行小时}$$

$$\text{DMC}_{\text{SE\_5}} = \text{tr}(F_5 Q_5 (H_5 + M_5)) = 3.73 \times 10^{-6} \text{ 美元 / 飞行小时}$$

$$\text{DMC}_{\text{SE\_6}} = \text{tr}(F_6 Q_6 (H_6 + M_6)) = 1.34 \times 10^{-4} \text{ 美元 / 飞行小时}$$

$$\text{DMC}_{\text{SE\_7}} = \text{tr}(F_7 Q_7 (H_7 + M_7)) = 1.64 \times 10^{-4} \text{ 美元 / 飞行小时}$$

$$\text{DMC}_{\text{SE\_8}} = \text{tr}(F_8 Q_8 (H_8 + M_8)) = 5.96 \times 10^{-5} \text{ 美元 / 飞行小时}$$

$$\text{DMC}_{\text{SE\_9}} = \text{tr}(F_9 Q_9 (H_9 + M_9)) = 3.73 \times 10^{-5} \text{ 美元 / 飞行小时}$$

$$\text{DMC}_{\text{SE\_10}} = \text{tr}(F_{10} Q_{10} (H_{10} + M_{10})) = 2.98 \times 10^{-5} \text{ 美元 / 飞行小时}$$

且有

$$\text{DMC}_{\text{SE}} = \sum_{j=1}^{10} \text{DMC}_{\text{SE}-j} = 5.45 \times 10^{-4} \text{ 美元 / 飞行小时}$$

6.5　DMC 预计整合方法

6.5.1　DMC 预计整合原因

当 DMC 预计结果由某一层级(如系统级、工作包)向整机级别汇总时,不能简单地累加得到整机级别的 DMC,而要从整体角度把握维修任务成本,在实际运营过程中,运营人根据维修计划文件结合自身运营情况将维修任务间隔相同的任务打包执行,导致维修接近时间和维修任务时间合并的情况,例如,在 C 检时,拆除一次内饰,进行该区域所有结构检查。为了真实反映运营阶段实际 DMC,需要在DMC 预计进行整合。

6.5.2　接近时间整合方法

1. 概述

接近时间整合是指对于 2 个或多个维修任务,如果在接近方式上相同或相近,如执行任务所在区域、需要打开的门/口盖、需要拆除的零/部件等信息相同或相近,并且执行维修任务的门槛值以及间隔存在重合点,采用 1 次接近覆盖其他任务接近的整合方式。

2. 整合流程

接近时间整合流程见图 6.28。

(1) 依据执行维修任务所处区域位置(区域号码)、所需打开的接近口盖或门(接近口盖或门号码)、所需拆卸的具体零部件等信息判断任务的接近方式;

(2) 判断是否有已分析的维修任务与当前分析维修任务具有完全或部分相同的接近方式;

(3) 如果已分析的维修任务与当前分析维修任务无完全或部分相同的接近方式,则不进行整合,如果有完全或部分相同的接近方式,则转入步骤(4);

(4) 如果已分析的维修任务与当前分析维修任务有完全或部分相同的接近方式,那么判断已分析维修任务的维修门槛或间隔与当前分析维修任务的维修门槛或间隔是否完全一致,如果完全一致,则对完全或部分相同接近方式的接近时间进行整合,否则转入步骤(5);

(5) 判断已分析维修任务的门槛及间隔分布与当前分析维修任务的门槛及间隔分布有无重合点,如果没有重合点,则不进行整合,并建议进行设计更改以修正维修门槛或间隔,如果有重合点,则转入步骤(6);

(6) 对维修任务门槛或间隔重合点部分的完全或部分相同接近方式的接近时间进行整合。

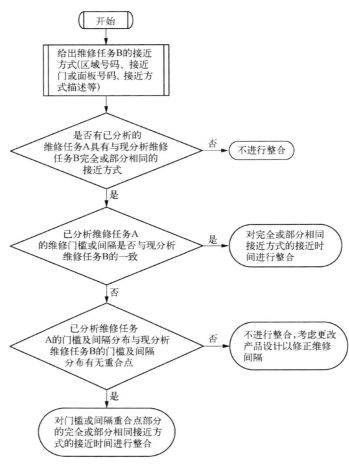

图 6.28 接近时间整合流程

3. 整合方法示例

接近时间整合方法示例如下。

某 MSG - 3 结构检查任务与某 DTA 检查任务具有相同的接近方式,接近时间相同,假设为 t,且存在维修时间间隔重合点,可以进行接近时间整合,见表 6.32。

表 6.32 接近时间整合示例

任 务	时 间 分 布			
MSG - 3	12 年	—	18 年	—
DTA	12 年	15 年	18 年	21 年
整 合	12 年	15 年(仅 DTA)	18 年	21 年(仅 DTA)

若未经过接近时间整合，如果单独计算，总接近次数为 6 次，接近时间为 $6t$。通过进行接近时间的整合后发现，总接近次数由 6 次减少为 4 次，所计算接近时间为 $4t$，缩短 1/3。

6.5.3　维修时间整合方法

1. 概述

维修时间整合是指对于经过接近时间整合后的维修任务，如果在维修对象或维修目的上相同或相近，采用高级别维修覆盖低级别维修的整合方式，如 DET 覆盖 GVI，或者复杂维修覆盖简单维修的整合方式。

2. 整合流程

维修时间整合流程见图 6.29。

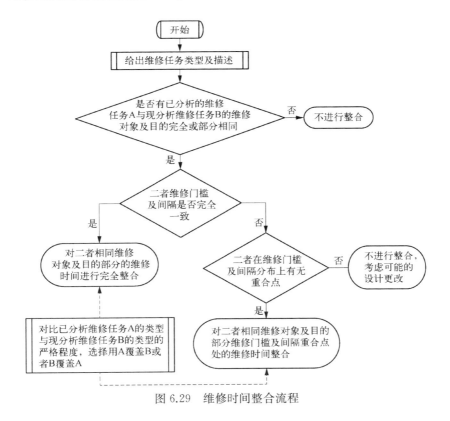

图 6.29　维修时间整合流程

（1）描述维修任务类型；

（2）判断是否有已分析的维修任务与当前分析维修任务的维修对象及目的完全或部分相同，如果完全不相同，则不进行整合，如果完全或部分相同，则转入步

骤(3);

（3）判断两个任务的维修门槛及间隔是否完全一致,如果完全一致,则转入步骤(4),如果不完全一致,则转入步骤(5);

（4）对两个任务的相同维修对象及目的部分的维修时间进行完全整合;

（5）判断两个任务在维修门槛及间隔分布上有无重合点,如果无重合点,则不进行整合,并考虑可能的设计更改,如果有重合点,则转入步骤(6);

（6）对两个任务相同维修对象及目的部分在维修门槛及间隔重合点处的维修时间整合。

3. 整合方法示例

维修时间整合方法示例如下。

某 MSG - 3 结构任务与某 DTA 任务具有相同的接近方式,且存在维修时间重合点,经过接近时间整合后,还可以进行维修时间整合,见表 6.33。

表 6.33　维修时间整合示例

任务	时 间 分 布			
MSG - 3	12 年	—	18 年	—
	GVI(1 小时)	—	GVI(1 小时)	—
DTA	12 年	15 年	18 年	21 年
	DET(1 小时)	DET(1 小时)	DET(1 小时)	DET(1 小时)
整合	12 年	15 年(仅 DTA)	18 年	21 年(仅 DTA)
	DET(1.5 小时)	DET(1 小时)	DET(1.5 小时)	DET(1 小时)

若未经过维修时间整合,如果单独计算,维修时间为 6 小时。由于 DET 比 GVI 更为严格,那么在实际操作时,可以直接使用 DTA 的 DET 覆盖 MSG - 3 的 GVI 要求(覆盖部分检查时间为 0.5 小时),通过整合维修任务,总工时应该为 5 小时。

第 7 章　DMC 控制

7.1　DMC 控制概述

7.1.1　DMC 控制的目的

DMC 分析与控制工作是民用飞机维修工程的重要组成部分，是实现产品设计优化及保障资源合理配置的重要环节[14]。DMC 有效控制，对优化产品设计，以最低的维修成本维持产品固有的安全性、可靠性与维修性水平，具有决定性的作用。

在民用飞机的研制阶段，DMC 控制的主要目的是保证飞机具有良好的固有经济性；实现的手段是通过 DMC 整机目标值的确定、分配以及 DMC 的预计，并进行 DMC 控制优化飞机的设计过程和维修工程分析过程[15]。运营阶段，DMC 控制的主要目的是通过制造商和使用方的共同努力，在实际运营中切实降低飞机的维修成本；实现的手段是通过运营数据，评估实际产生的 DMC，改进飞机的设计和维修任务安排，并加强维修管理[13,19]。

研制阶段的 DMC 控制主要是基于 DMC 的设计优化和供应商担保值控制，基于 DMC 的设计优化实际上是面向成本设计的一个方面，是将 DMC 分析形成的系统、子系统、部件 DMC 指标贯彻到实际设计的一个过程。由于 DMC 与可靠性、维修性息息相关，因此基于 DMC 的设计优化就是以 DMC 指标为约束条件的可靠性、维修性参数优化[20]。

7.1.2　DMC 控制流程

DMC 的控制流程如图 7.1 所示。

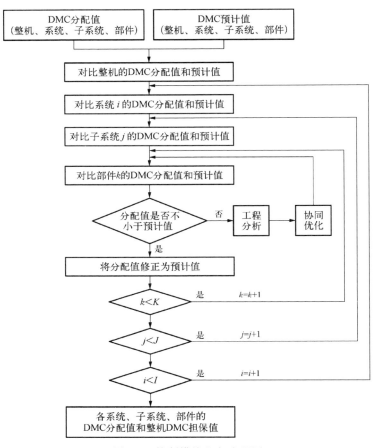

图 7.1 控制模块业务流程图

在 DMC 分配值和预计值的基础上,基于优化模型,以 DMC 指标为约束条件,实现可靠性参数和维修性参数的优化。

首先按各系统分配值由大到小的顺序进行系统级的对比分析,若某一系统的分配值不小于(大于或等于)预计值,再依次对比该系统所包含的各子系统和部件的分配值和预计值(仍按照分配值由大到小的顺序);若某系统的分配值小于预计值,也要依次对比该系统所包含的各子系统和部件的分配值和预计值(仍按照分配值由大到小的顺序)。

对比各子系统或部件的分配值和预计值时,对于分配值大于预计值的,将该子系统或部件的分配值修正为预计值,对于分配值小于预计值的,调整该子系统或部件的维修任务安排,修正可靠性、维修性设计参数,重新进行权衡分析,直至所有部件、子系统、系统的分配值不小于预计值,输出各系统、子系统、部件的 DMC 分配值和 DMC 担保值[21]。

7.2　DMC 控制方法

7.2.1　类比估算法

类比估算法是通过将要评估的新系统与其他系统进行类比,找出与之相似的系统,再根据其已知数据建立估算模型。估计时不仅要考虑彼此之间参数的异同和时间、条件上的差别,还要考虑涨价等因素,以便随时作出修正。这种方法多适用于产品研制的早期,可以在研制初期便提供产品维修费用的概算。但其缺点是不适用于全新或使用条件不同的系统,局限较大。

类比估算法在应用上比较粗放,可结合案例推理法的相似性计算,再结合类比推算进行分析。

7.2.2　专家判断法

1. 专家判断法

专家判断法的思想是由专家根据经验判断估算,或由几个专家分别估算后加以综合确定。它要求估算者拥有关于系统和系统部件的综合知识。且由于是根据专家经验进行判断,预测精度不高,因此一般在无法获得充足数据的情况下,或者维修费用与其影响因素之间的关系模型难以确定的情况下才使用这种方法。有时也联合类比估算法共同使用,以提高预算精度。

2. 专家判断法流程-案例

现从专家库中随机抽取四位专家,各位专家的情况简介如下:专家 1,大专学历,副高级职称,工龄为 22 年;专家 2,本科学历,中级职称,工龄为 8 年;专家 3,博士学历,正高级职称,工龄为 18 年;专家 4,本科学历,副高级职称,工龄为 30 年。构造判断矩阵 G-S、S1-P、S2-P、S3-P 分别如表 7.1~表 7.4 所示。

表 7.1　构造判断矩阵 G-S 表

G	S1	S2	S3
S1	1	1/3	1/7
S2	3	1	1/3
S3	7	3	1

表 7.2　判断矩阵 S1 - P

S1	P1	P2	P3	P4
P1	1	1/3	1/7	1/3
P2	3	1	1/2	1
P3	7	2	1	2
P4	3	1	1/2	1

表 7.3　判断矩阵 S2 - P

S2	P1	P2	P3	P4
P1	1	2	1/2	1
P2	1/2	1	1/3	1/2
P3	2	3	1	2
P4	1	1	1/2	1

表 7.4　判断矩阵 S3 - P

S3	P1	P2	P3	P4
P1	1	3	2	1/2
P2	1/3	1	1/2	1/3
P3	1/2	2	1	1/2
P4	2	3	2	1

由各判断矩阵的各层次的排序计算结果知道,准则层 S 中学历、职称、工龄三项因素对于目标层 G 所占比例分别为 0.087 9,0.242 6 和 0.669 4,这与经验是相符的,即专家综合能力与其工作年限相关度最大,如表 7.5 所示。

表 7.5　层次总排序权值表

层次 P	S1	S2	S3	层次 P 总排序权重
	0.087 9	0.242 6	0.669 4	
P1	0.072 9	0.227 0	0.292 6	0.257 3
P2	0.227 2	0.122 3	0.107 0	0.121 3
P3	0.472 6	0.423 6	0.184 9	0.268 1
P4	0.227 2	0.227 0	0.415 5	0.353 2

由此可得出四位专家的评分权重向量,假设各位专家给出的指数评分和为 F,则评分最终结果为

$$F = \frac{\sum\limits_{i=1}^{4} P_i I_i}{4} \qquad (7-1)$$

7.2.3　仿真模型法

仿真模型估算法的主要思路是采用仿真语言对要评估的系统进行仿真,每次仿真都代表计划的一种可能结果。在进行若干次类似的仿真之后,就可以得到若干结果,也就是系统的统计数据,包括成功的概率和计划成本等。这种方法主要用来估算大型配套工程的相关费用。

7.2.4　案例推理法

从实际情况出发,在新机型找不到原准机的前提下,以分析对比法为原理,找出其他类似机型的维修成本数据,利用各系统参数,与新机型进行对比,得出每个其他机型与新机型的相似度,再利用类似机型的维修成本数据——DMC 值,得出新机型的 DMC 预测值。

1. CBR – DMC 预计方法

图 7.2 显示了 CBR – DMC 预计方法一般步骤,主要分为搜索、计算、验证和收集 4 个步骤。

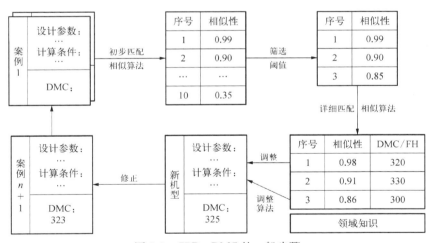

图 7.2　CBR – DMC 的一般步骤

（1）搜索:在存有以往机型的设计参数、DMC 值和 DMC 计算条件的数据库中,利用某种相似算法,算出新机型与以往机型的相似度,再设定一个阈值,相似度低于该阈值的机型不会被搜索出,即可得到相似度较高的以往机型。

（2）计算：在找出类似机型后，利用统计学知识，选择合理算法，预测出新机型的 DMC 值。

（3）验证：在新机型投入使用后，把得到的运营数据和维修数据与预测值进行比较，判断算法是否合理，若不合理应进行修正。

（4）收集：将验证后的 DMC 预测值作为新的案例，存入数据库，用于下一次搜索。

从 CBR - DMC 的推理过程来看，其特点是：知识获取简单、求解速度快、案例库维护量少、能充分利用现有知识并能不断进行知识的累积。主要难点在于案例的表达、相似性计算和调整算法的实现。

2. 案例的表达

在数据库中，每个机型都是一个单独的案例，而对于任何一架飞机，都包括很多系统和子系统，因此每个案例都有很多属性，故采用层次表达方式。而在选择类似机型时，只需要判断每个案例中大系统或者大部件与新机型的相似性，所以可以先建立只包含重要属性的索引，用于初步搜索。由此可以这样表达案例：

$$\text{Case} = (C_1, C_2, \cdots, C_i, \cdots, C_n, D) \tag{7-2}$$

其中，C_i 表示案例中的第 i 个属性，还可以再包含 m 个子属性，即第 i 个属性类的第 j 个属性；D 代表该案例的 DMC 值。

3. 案例的搜索

要想在数据库中搜索出和新机型类似的相似机型，就必须先算出数据库中每个以往机型与新机型的相似度。可采用基于类的权重的相似性算法，即宏观上将案例分类，先判断新旧案例是否属同一类别，再利用每个案例包含属性的权重，叠加起来算出新旧案例的相似度，具体过程如下：

$$\text{SIM}(x, y) = 1 - \text{DISS}(x, y) \tag{7-3}$$

$$\text{SIM}(x_i, y_i) = 1 - \frac{|x_i - y_i|}{|x_i + y_i|} \tag{7-4}$$

其中，DISS 表示两案例之间的不相似程度，基本上在 $[0, 1]$ 的区间内；SIM 表示新旧案例间属性 i 的相似度；x_i、y_i 分别表示案例 X 和案例 Y 的 i 属性。式$(7-3)$和式$(7-4)$只能用于计算新旧案例单个属性之间的相似度，如果要计算整个新旧案例之间的相似度，就要把每个属性间的相似度和属性的权重相乘再求和，公式如下：

$$\text{SIM}(X, Y) = \sum_{i=1}^{n} \omega_i \text{SIM}(x_i, y_i) \tag{7-5}$$

其中，ω_i 表示属性 i 的权重，在此之后，再判断新旧案例是否属同类，有三种分类方法：第一，判断新旧案例飞机是否由同一制造商制造；第二，判断新旧案例飞机发动机是否属于同一类型；第三，判断新旧案例飞机是否同属干线或支线飞机，公式如下：

$$SIM(X, Y) = K_1(C_x, C_y) K_2(C_x, C_y) K_3(C_x, C_y) \sum_{i=1}^{n} \omega_i SIM(x_i, y_i)$$

$$(7-6)$$

$$K_1(C_x, C_y) = \begin{cases} 1, & X、Y 由同一制造商制造 \\ 0.95, & X、Y 由不同制造商制造 \end{cases} \quad (7-7)$$

$$K_2(C_x, C_y) = \begin{cases} 1, & X、Y 发动机类型相同 \\ 0.5, & X、Y 发动机类型不同 \end{cases} \quad (7-8)$$

$$K_3(C_x, C_y) = \begin{cases} 1, & X、Y 同属干线或支线飞机 \\ 0.5, & X、Y 分属干线和支线飞机 \end{cases} \quad (7-9)$$

其中，$K_1(C_x, C_y)$、$K_2(C_x, C_y)$、$K_3(C_x, C_y)$ 分别表示新旧案例所属类的类权重，由于不同类别的飞机即使在其他属性有较大相似性时，其 DMC 值也有较大不同，因此这样保证了不同类的飞机尽量不被检索到。经科学验证，相似度大于阈值 $\alpha = 0.85$ 的以往案例有较大参考作用，可用来预测新案例的 DMC 值。另外，如果在考虑新旧案例所属类的类权重情况下，实在没有相似度大于阈值的案例被搜索出，那么可以酌情不考虑类权重。本书所提出的三个新旧案例所属类的类权重是原有 CBR - DMC 中所没有的，比原有 CBR - DMC 方法中的类权重更加细化，提高了预测精度。

在初步搜索中，需要考虑的属性较少，但都比较重要，即用来初步搜索计算相似性的属性都与 DMC 有很大相关度，主要包括最大起飞重量、座位数、最大航程、机翼面积、海平面起飞推力这五种属性，见表 7.6。

表 7.6　主要属性与 DMC 相关度

属性类别	布　局	几何尺寸	性　能	重　量	发动机
代表属性	机翼面积	座位数	最大航程	最大起飞重量	海平面起飞推力
DMC 相关度	0.905 0	0.944 9	0.781 1	0.949 9	0.762 0

4. 案例的计算

在利用主要属性、权重和预先设定的阈值搜索出相似机型后，就要详细计算新旧案例之间的相似度，需要考虑的属性要比上一步增加许多，见图 7.3。这一步在整个案例推理过程中是非常关键的，它直接影响预测出的新案例的 DMC 值的可靠性。这一步也可以认为是对在上一步中计算出的新旧案例相似度的调整，使新旧案例的相似度值更加贴近真实，提高可靠性。

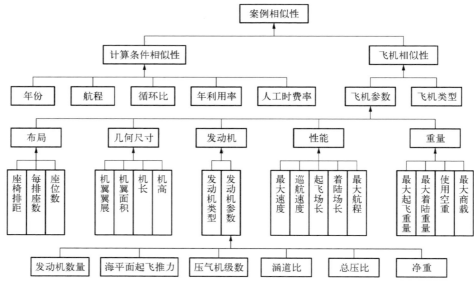

图 7.3　计算调整用主要属性层次图

根据以上分析计算,不难得出,新旧案例之间的相似度可以认为是新旧案例 DMC 值之间的相似度。根据公式,可以算出新旧案例所包含的某个属性的相似度,利用反相似算法,反向计算公式,在已知 x,并且 x、y 均大于零的条件下,能够算出 y 的值。由于绝对值符号的存在,y 会产生一个比 x 大,另一个比 x 小的两个值。但是,别忘了在飞机成本管理中提出了这样一条规律:飞机的载量(座位数)越大,其需要的维修成本就越高。又由于本书已经得出飞机的维修成本主要受 DMC 影响的结论,那么就可以认为飞机的座位数越多,其每飞行小时需要的 DMC 就越大,座位数相同,那么两机型每小时需要的 DMC 就几乎相同。这样 DMC 的计算调整模型就可以表示为

$$y = \frac{1}{n} \sum_{i=1}^{n} y_i \qquad (7-10)$$

当 $S_{y_i} > S_{x_i}$ 时,有

$$y_i = \frac{2 - \mathrm{SIM}(x_i,\ y_i)}{\mathrm{SIM}(x_i,\ y_i)} x_i \qquad (7-11)$$

当 $S_{y_i} < S_{x_i}$ 时,有

$$y_i = \frac{\mathrm{SIM}(x_i,\ y_i)}{2 - \mathrm{SIM}(x_i,\ y_i)} x_i \qquad (7-12)$$

当 $S_{y_i} = S_{x_i}$ 时,有

$$y_i = \frac{1}{2}\left[\frac{2 - \mathrm{SIM}(x_i, y_i)}{\mathrm{SIM}(x_i, y_i)} + \frac{\mathrm{SIM}(x_i, y_i)}{2 - \mathrm{SIM}(x_i, y_i)}\right] x_i \qquad (7-13)$$

其中,x_i 表示第 i 个旧案例的 DMC 值;y_i 表示用第 i 个旧案例预测出的新案例的 DMC 值;n 表示参与计算或调整的旧案例个数;$\mathrm{SIM}(x_i, y_i)$ 表示整个新旧案例之间的相似度;S_{x_i} 表示旧案例所代表飞机的座位数;S_{y_i} 表示新机型的飞机座位数。

7.2.5　基于协同优化算法的 DMC 控制方法

采用协同优化方法优化 DMC 设计,以 DMC 指标为约束条件,建立可靠性、维修性参数协同优化模型。

协同优化方法是由斯坦福大学的 Kroo 教授等在一致性约束算法基础上提出的分布式、多级的优化方法。其主要思想是将复杂的工程系统设计问题分解为一个系统级和几个学科(子系统)级问题,每个学科同时进行分析和优化两个过程,然后采用某种策略来协调各学科的设计结果[22]。根据协同优化思想,构建民用非维修成本的协同优化框图如图 7.4 所示,该框图包括一个系统级优化和两个子系统级优化。

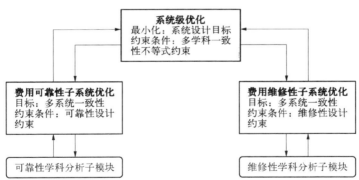

图 7.4　维修成本协同优化方法框图

如图 7.4 所示,利用协同优化解决问题的过程中,通常由系统级向子系统级分配系统级设计向量的期望值,该设计向量的期望值若不满足系统级优化约束,子系统将向系统级提供信息以帮助系统优化改进其设计向量的取值,使系统级在最小化整个系统目标的同时,满足各个子系统的约束[23]。为了使系统级设计向量获取子系统约束被违背的信息,子系统优化采用系统级设计向量分配值同子系统优化解之间的差异(一致性约束等式)最小作为优化目标函数。为了克服一致性等式约束很难满足的不足,在进行民用飞机综合权衡过程时建立"权衡空间"作为系统级目标优化的约束条件,引入松弛变量将等式约束变为不等式约束,能够保证子系统

优化问题的可行性[24,25]。

假设设计向量为 $X = \{x_1, x_2, x_3, x_4\}$，目标函数为 $F(x)$，约束条件为 $g(x)$，则直接维修成本最小的数学模型可简述为

$$\text{Find} \quad X = \{x_1, x_2, x_3, x_4\}$$

$$\begin{cases} \min F(x) \, X \in D \subset \mathbf{R}^4 \\ \text{s. t. } g_i(x) \geqslant 0, \quad i = 1, 2, \cdots, m \end{cases} \tag{7-14}$$

其中，D 为定义域，表示设计向量 X 的取值范围，$\mathbf{R}^4$ 为四维实数集。

7.3 DMC 控制案例

7.3.1 整机级 DMC 控制

假设 DMC 分配值和预计值已知，将其作为数据输入，整理成 DMC 分配值表和 DMC 预计值表，如表 7.7、表 7.8 所示。

表 7.7　DMC 分配值表

机 体 系 统		分配值/(美元/飞行小时)
ATA	项　　　目	人工时＋材料费
21	空调	1.172
22	自动飞行	0.552
23	通信	0.987
24	电源	1.862
25	内饰/设备	8.881
26	防火	0.261
27	飞行操纵	2.061
28	燃油	0.366
29	液压	1.843
30	防冰/除雨	0.513
31	指示/记录	0.416
32	起落架	21.506
33	照明	1.049
34	导航(包括仪表)	3.000 7
35	氧气	0.191 6
36	气源	0.921 4

续　表

机　体　系　统		分配值/(美元/飞行小时)
ATA	项　　目	人工时＋材料费
38	水/废水	0.293 1
49	辅助动力装置	4.638
52	舱门	1.25
53	机身	1.125
54	短舱/吊舱	1.971 4
55	安定面	0.419
56	窗	1.975
57	机翼	1.113
所有机体系统		58.367 2

表 7.8　DMC 预计值表

机体系统		人工时/(美元/飞行小时)			材料费/(美元/飞行小时)			预计值/(美元/飞行小时)
ATA	项　　目	原位	离位	原位＋离位	原位	离位	原位＋离位	人工时＋材料费
21	空调	0.053	0.131	0.184	0.250	0.740	0.990	1.174
22	自动飞行	0.018	0.033	0.051	0.070	0.430	0.500	0.551
23	通信	0.048	0.075	0.123	0.310	0.550	0.860	0.983
24	电源	0.027	0.053	0.080	0.620	1.160	1.780	1.860
25	内饰/设备	0.267	0.548	0.815	3.710	4.360	8.070	8.885
26	防火	0.011	0.007	0.018	0.120	0.120	0.240	0.258
27	飞行操纵	0.157	0.129	0.286	0.660	1.110	1.770	2.056
28	燃油	0.036	0.014	0.050	0.210	0.100	0.310	0.360
29	液压	0.072	0.039	0.111	1.030	0.690	1.720	1.831
30	防冰/除雨	0.023	0.007	0.030	0.380	0.080	0.460	0.490
31	指示/记录系统	0.018	0.024	0.042	0.190	0.130	0.320	0.362
32	起落架	0.084	0.421	0.505	1.050	19.930	20.980	21.485
33	照明	0.106	0.005	0.111	0.820	0.040	0.860	0.971
34	导航(包括仪表)	0.041	0.171	0.212	0.140	2.640	2.780	2.992
35	氧气	0.015	0.018	0.033	0.060	0.100	0.160	0.193
36	气源	0.027	0.040	0.067	0.600	0.260	0.860	0.927

│ 153

续　表

机体系统		人工时/(美元/飞行小时)			材料费/(美元/飞行小时)			预计值/（美元/飞行小时）
ATA	项　目	原位	离位	原位＋离位	原位	离位	原位＋离位	人工时＋材料费
38	水/污物	0.015	0.037	0.052	0.030	0.220	0.250	0.302
49	辅助动力装置	0.024	0.206	0.230	0.260	4.150	4.410	4.640
52	舱门	0.162	0.041	0.203	0.800	0.200	1.000	1.203
53	机身	0.145	0.000	0.145	0.480	0.000	0.480	0.625
54	短舱/吊舱	0.016	0.000	0.016	1.950	0.000	1.950	1.966
55	安定面	0.102	0.006	0.108	0.300	0.010	0.310	0.418
56	窗	0.030	0.000	0.030	1.950	0.000	1.950	1.980
57	机翼	0.282	0.046	0.328	0.670	0.070	0.740	1.068
	所有机体系统	1.779	2.051	3.830	16.660	37.090	53.750	57.580

7.3.2　系统级 DMC 控制

以 ATA 第 38 章水/废水系统为例，建立民用飞机研制阶段直接维修成本模型，优化该系统的 DMC 分配值。

对比 DMC 整机的分配值和预计值（不考虑动力装置，只研究机体系统）。由表 7.7 得 DMC 分配值为 58.367 2 美元/飞行小时，由表 7.8 得 DMC 预计值为 57.580 美元/飞行小时，整机 DMC 分配值大于 DMC 预计值，满足要求。

按照 DMC 分配值大小确定各系统比较先后顺序如表 7.9 所示。

表 7.9　DMC 分配值和预计值比较顺序表

比较顺序	ATA	项　目	分配值/（美元/飞行小时）
1	32	起落架	21.506
2	25	内饰/设备	8.881
3	49	辅助动力装置	4.638
4	34	导航（包括仪表）	3.000 7
5	27	飞行操纵	2.061
6	56	窗	1.975
7	54	短舱/吊舱	1.971 4
8	24	电源	1.862
9	29	液压	1.843

比较顺序	ATA	项　目	分配值/(美元/飞行小时)
10	52	舱门	1.25
11	21	空调	1.172
12	53	机身	1.125
13	57	机翼	1.113
14	33	照明	1.049
15	23	通信	0.987
16	36	气源	0.921 4
17	22	自动飞行	0.552
18	30	防冰/除雨	0.513
19	55	安定面	0.419
20	31	指示/记录系统	0.416
21	28	燃油	0.366
22	38	水/废水	0.293 1
23	26	防火	0.261
24	35	氧气	0.191 6

对比顺序为 1 的系统,对比该系统的 DMC 分配值和 DMC 预计值,序号为 1 的系统是 ATA32 章起落架系统,DMC 分配值为 21.506,DMC 预计值为 21.485,分配值大于预计值,满足要求。例如,第 38 章水/废水系统,该系统的 DMC 分配值为 0.293 1 美元/飞行小时,预计值为 0.302 美元/飞行小时,分配值小于预计值,对该系统的可靠性参数和维修性参数进行优化。

7.3.3　部件级 DMC 控制

1. 数据输入

水/废水系统的分配值是 0.293 1 美元/飞行小时,预计值是 0.302 美元/飞行小时,该系统其中两个主要组成部件(冲洗包和压缩机)的 DMC 分配值和预计值如表 7.10 所示。

表 7.10　水/污物系统的冲洗包和压缩机的 DMC 分配值和预计值表

比较顺序	部　件	数量	MTBF	MTBUR	MTPM	Ctest	Crep	MH	Cmate	MCcom	预计值	分配值
1	冲洗包	2	0	0	1 000	0	0	1	70	0.095 0	0.190 0	0.191 8
2	压缩机	2	40 000	34 000	6 000	1 000	3 000	2	15	0.090 2	0.180 4	0.180 2

由表 7.10 可知,冲洗包的预计值小于分配值,将分配值修正为预计值,压缩机的预计值大于分配值,进行可靠性参数和维修性参数的优化。

2. 确定设计变量

综合考虑水/污物系统和部附件维修成本估算方法,设计向量由三个设计参数构成:可靠性参数平均故障间隔时间、平均非计划拆卸间隔时间和维修性参数平均计划维修间隔。定义如下:

(1) 平均故障间隔飞行小时或平均故障间隔时间(mean flight hours between failures,MFHBF;或 mean time between failures,MTBF):可修复产品使用可靠性的一种基本参数。其度量方法为:在规定的条件下和规定的时间内,产品累计的总飞行小时与同一时间内故障总数之比。

(2) 平均非计划拆卸间隔时间(mean time between unscheduled removals,MTBUR):与支援资源有关的一种可靠性参数。其基本度量方法为:在规定的条件下和规定的时间内,累计的总设备飞行时间除以同一时间内设备的非计划拆卸次数。

(3) 平均计划维修间隔(mean time between planned maintenance,MTPM):维修性参数。其基本度量方法为:在规定的条件下和规定的时间内,产品累计的总飞行小时除以同一时间内计划维修次数。

$$\text{MTBUR} = x_1 \qquad (7-15)$$

$$\text{MTBF} = x_2 \qquad (7-16)$$

$$\text{MTPM} = x_3 \qquad (7-17)$$

设计向量可记为

$$X = \{x_1, x_2, x_3\} = \{\text{MTBUR}, \text{MTBF}, \text{MTPM}\} \qquad (7-18)$$

3. 确定目标函数

维修成本的研究分为系统、子系统和部件三级,部件级研究是所有工作的基础。部件的 DMC 估算方法如式(7-19)所示:

$$\text{MC}_{\text{com}} = \frac{\text{NFF} \times C_{\text{test}}}{\text{MTBUR}} + \frac{(1-\text{NFF}) \times C_{\text{rep}}}{\text{MTBUR}} + \frac{\text{MH} \times R + C_{\text{mate}}}{\text{MTPM}} \qquad (7-19)$$

其中,MC_{com} 表示部件的维修成本,单位为美元/飞行小时;NFF 表示部件的无故障发现率,且 $\text{NFF} = 1 - \text{MTBUR}/\text{MTBF}$;MTBUR 表示平均非计划拆卸间隔时间,单位为飞行小时;C_{test} 表示部件的测试成本,单位为美元;C_{rep} 表示部件的修理成本,单位为美元;MH 表示人工时;R 表示人工时费率,单位为美元/人工时;C_{mate} 表示材料费,单位为美元;MTPM 表示计划维修时间间隔,单位为飞行小时。

子系统级的维修成本由组成该子系统的各部件维修成本累加而成,包含人工时费和材料费,系统的维修成本由组成该系统的各子系统维修成本累加而成,整机的维修成本由所有系统的维修成本累加而成。

按照部附件 DMC 估算方法确定该模型的目标函数为

$$F(x)=\frac{\mathrm{NFF}\times C_{\mathrm{test}}}{\mathrm{MTBUR}}+\frac{(1-\mathrm{NFF})\times C_{\mathrm{rep}}}{\mathrm{MTBUR}}+\frac{\mathrm{MH}\times R+C_{\mathrm{mate}}}{\mathrm{MTPM}}$$

$$=\frac{\left(1-\dfrac{x_1}{x_2}\right)\times C_{\mathrm{test}}}{x_1}+\frac{\dfrac{x_1}{x_2}\times C_{\mathrm{rep}}}{x_1}+\frac{\mathrm{MH}\times R+C_{\mathrm{mate}}}{x_3} \qquad (7-20)$$

4. 确定约束条件

参考 DMC 分析与控制的相关文献数据,确定可靠性设计参数和维修性设计参数的约束条件,具体如下。

1) 可靠性设计参数约束条件

假设 MTBUR 定义的最短时间为 170 小时,即

$$x_1\geqslant 170 \qquad (7-21)$$

MTBF 定义的最短时间为 320 小时,即

$$x_2\geqslant 320 \qquad (7-22)$$

2) 维修性设计参数约束条件

MTPM 定义的最短时间为 800 小时,即

$$x_3\geqslant 800 \qquad (7-23)$$

另外

$$\mathrm{MTBUR}>\mathrm{MTPM} \qquad (7-24)$$

得

$$x_1>x_3 \qquad (7-25)$$

5. 建立协同优化模型

$$\mathrm{Find}\quad X=\{x_1,x_2,x_3\}$$

$$\begin{cases}\min F(X)x\in D\subset \mathbf{R}^3\\ \mathrm{s.t.}\ J_i^*(X)\leqslant \varepsilon_i,\quad i=1,2\end{cases} \qquad (7-26)$$

其中,D 为定义域,表示设计向量 X 的取值范围;$\mathbf{R}^3$ 为三维实数集;J_i^* 为系统级约束条件;ε_i 为松弛变量。

协同优化计算框图如图 7.5 所示。

6. 遗传算法求解最优解

1) MATLAB 软件遗传算法工具箱介绍

近年来,基于 GA 在解决问题上的优点和其广泛的应用,众多科研机构开发出

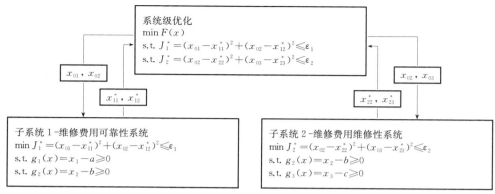

图 7.5　协同优化计算框图

了多种 MATLAB 遗传算法工具箱，其中包括谢菲尔德大学和北卡罗来纳州立大学推出的遗传算法工具箱（GA Toolbox），以及 MathWorks 公司推出的遗传算法及直接搜索工具箱（GA and Direct Search Toolbox）等。

MATLAB 的高级语言为工具箱创造了包括复制算子、变异算子、交叉算子在内的各类广泛而复杂的 GA 函数。遗传算法工具箱可依据用户根据实际问题设定的命令行函数，对问题通过遗传算法进行求解。下面列举了一般 GA 工具箱中的输入输出参数和核心函数的定义功能。

GA 工具箱的输出参数及其定义如表 7.11 所示。

表 7.11　输出参数及其定义

输出参数	定　　义
X	求得的最好的解，包括染色体和适应度
Endpop	最后一代染色体（可选择的）
bpop	最好染色体的轨迹（可选择的）
traceInfo	每一代染色体中最好的个体和平均适应度（可选择的）

GA 工具箱的输入参数及其定义如表 7.12 所示。

表 7.12　输入参数及其定义

输入参数	定　　义
Bounds	变量上下界的矩阵，矩阵的行数确定变量的个数
evalFN	适应度函数
evalOps	传递给适应度函数的参数，默认值为（NULL）
startPop	初始染色体

输入参数	定　　义
Opts	进制编码,取 1 表示浮点数编码;display 取 0 表示运行中不输出,取 1 表示运行中显示输出
termFN	终止函数的名称,默认值为[maxGenTerm]
termOps	传递给终止函数的参数,默认值为[100]
selectFn	选择函数的名称,默认值为[normGeomSelect]
selectOps	传递给选择函数的参数,默认值为[0.08]
xOverFNs	交叉函数名称表示,二进制编码默认值为[simpleXover],浮点数编码默认值为[airthXover heuristicXover simple Xover]
xOverOps	传递给交叉函数参数表
mutFNs	变异函数名称表
mutOps	传递给变异函数参数表

遗传算法核心函数及其他函数如表 7.13 所示。

表 7.13　核心函数及其他函数的定义及功能

核心函数及其他函数		定义及功能
初始化函数	Initializega. m	二进制格式和浮点数格式的初始化函数
	Initializeoga. m	有序数据的初始化函数
选择函数	Roulrttr. m	常用的轮盘赌法
	normGeomSelect. m	基于归一化的优先选择法
	TourmSelect. m	竞争选择法
演化函数	SimpleXover. m	二进制格式或浮点数格式的交叉函数
	cyclicXover. m linerXover. m linerorderXover. m	有序数据的交叉函数,可以将演化函数组合使用
	BoundaryMutation. m nonUnifMutation. m	浮点数格式的变异函数
	MaxGenTerm. m optMaxGenTerm	主程序 ga. m 用来判断是否满足终止条件
终止函数	Calcbits. m	用来计算遗传算法满足精度要求时,染色体所需要的二进制位数
二进制表示函数	F2b. m B2f. m	用来完成二进制数和浮点数之间的互相转换

GA 工具箱的主界面如图 7.6 所示。

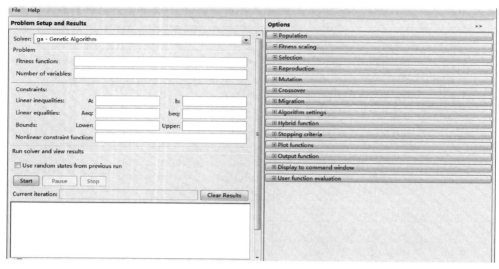

图 7.6　遗传算法工具箱

GA 工具箱界面中包含许多参数，下面对重要的参数进行说明。

（1）Solver（求解器）：针对具体问题对所需算法进行选择。

（2）Problem：所面临需要研究的问题。其中：

① Fitness function：适应度函数，一般需要用户填入根据具体的问题编写一个 m 文件。

② Number of variables：变量个数。

（3）Constraints：约束，分为线性不等式约束和线性等式约束，需要填入矩阵或向量的信息。

① Bounds：需要设定自变量的下界和上界（向量形式）。

② Nonlinear constraint function：非线性约束函数。

（4）Run solver and view results：点击 Start 即可开始运行，可在下框内看到运行结果或运行中出现的问题。Current iteration 表示 GA 运算迭代的代数，Final point 表示达到近优解时的变量值。

（5）Option：对遗传算法中所涉及的参数进行具体的设定。

① Population 群体的相关参数。

Population type 有两种类型可供选择：双精度和串位。

Population size 选择种群的规模。

Creation function 创建初始种群。

Initial population 初始种群的创建，若不对其具体指定，则默认用 Creation function 创建初始群体。

Initial scores 此项默认使用预先设定的适应度函数对群体中的个体计算初始得分。

Initial range 用于设定初始种群中的各变量的范围。

② Fitness scaling 适应度测量，包括 Rank 排序尺度变换、Proportional 比例尺度变换、Top 顶级尺度变换、Shift linear 线性转换尺度变换等。

③ Selection 选择函数包括 Stochastic uniform 随机均匀分布、Uniform 均匀分布、Roulette 轮盘赌选择、Tournament 锦标赛选项等。

④ Reproduction 再生参数，此处可对繁衍到下一代的优秀个数数目和由交叉产生的下一代所占的比例进行设定。

⑤ Mutation 变异函数包括 Gaussian 高斯函数、Uniform 均匀变异、Adaptive feasible 自适应变异等。

⑥ Crossover 交叉函数包括 Scattered 多点交叉、Single point 单点交叉、Two point 两点交叉、Arithmetic 算数交叉等。

⑦ Stopping criteria 终止条件可依据具体问题进行设定，可选项包括停滞时的运行代数、适应度极限值、进化的最大代数、运行时间等。

2）利用工具箱进行计算

采用 MATLAB 遗传算法工具箱对该部件的可靠性参数和维修性参数进行优化，求得最优解，优化后的压缩机的 DMC 分配值为 0.180 3。

通过分析比较部件/系统的预计值和分配值，对于预计值大于分配值的部件/系统，设计不满足要求，可以更改设计或者调整分配值；对于预计值小于分配值的部件/系统，设计优于预期的设计要求，将分配值修正为预计值，或者视情况将多余的指标分配至其他部件/系统。

对于可靠性参数和维修性参数的优化可以通过更改设计或者优化维修方案来实现。

（1）更改设计。例如，用数字化系统来代替模拟化系统、减少部附件的数量、在组件中采用更多的通用部件、简化系统设计、强化故障隔离和确认功能、增强可达性等。

（2）优化维修方案。① 减少计划维修任务；② 延长维修间隔；

（3）维修级别优化。降低维修任务的复杂程度，使维修工作能够在最低的级别上执行。

其他考虑因素可参考第 3 章。

第 8 章　DMC 监控

■
■
■
■

8.1　DMC 监控概述

8.1.1　DMC 监控的目的

在运营期间进行 DMC 监控是对民用飞机在运营中的直接维修成本进行分析和统计,是民用飞机 DMC 控制流程中的一个重要环节[13],同时可采集到大量的使用/维修数据,特别是对 DMC 有较大影响的使用/维修数据,形成第一手的数据库,对这些数据的分析和使用也是提高后续产品设计质量的重要途径。

民用飞机运营阶段的 DMC 控制主要是通过 DMC 评估完成制造方的 DMC 监控和使用方的 DMC 管理。DMC 的评估[14,26,27]有两种类型:一种是统计意义上的,即按照时间段(年或季度)收集实际产生的维修成本数据,根据这些数据得出一些有益于维修成本控制的结论;另一种是决策意义上的,即按照维修事件收集每次实际产生的维修成本数据,同时结合预测方法,预测下一阶段的维修成本,根据这些数据找出一些控制重要维修事件成本的方法。其中,统计意义上的评估是一种事后分析手段,而决策意义上的评估[28,29]是一种事前或事中分析手段。

8.1.2　监控流程

DMC 监控业务流程和监控模块业务流程如图 8.1 和图 8.2 所示。

DMC 监控开始于设计阶段的分配和预计结束之后,先进行数据采集,然后对 DMC 进行分析,计算出实际 DMC 值与 DMC 担保值比对。当实际值较大时,向运营者提出改进意见;如果还没有效

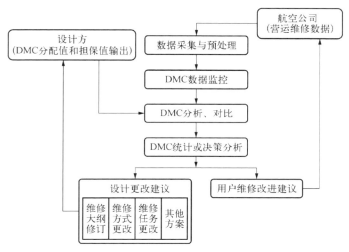

图 8.1 DMC 监控业务流程

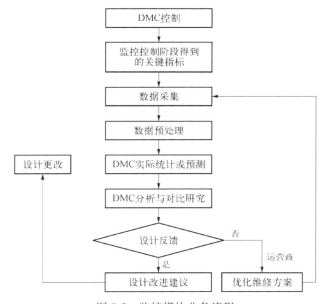

图 8.2 监控模块业务流程

果,则反馈回去指导在研飞机的设计和在役飞机的改进,最终形成飞机全生命周期内的有机闭环控制系统,从而有效控制飞机 DMC。

当实际值较大时,需要在航空公司层面降低 DMC 值[30]。飞机维修的成本都来源于维修方案(包括航线维修大纲、系统维修大纲、发动机维修大纲、结构维修大纲和区域维修大纲)中的例行维修项目,以及包括处理执行例行项目时所发现的缺陷和偏差所发生的成本。因此从制定符合航空公司自身特点的经济的飞机维修方案和计划入手,并以经济的手段[31,32]加以组织、领导、控制和执行,是有效降低运营阶段 DMC 的重要途径。图 8.3 是航空公司制定维修方案的主要考虑因素。

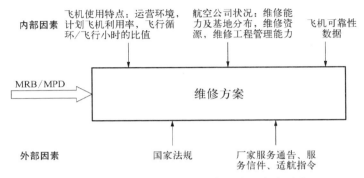

图 8.3   航空公司制定维修方案的主要考虑因素

由图 8.3 可看出,大部分的内部因素是可控和可变因素[33-35]。这里从厂家服务通告、飞机使用特点、航空公司状况、飞机可靠性数据等几个部分进行分析,分析流程图如图 8.4 所示。通过建立优化模型降低 DMC 值,将优化后的值与担保值对比,如果仍然大于担保值则返回设计,如果小于担保值则继续监控即可。

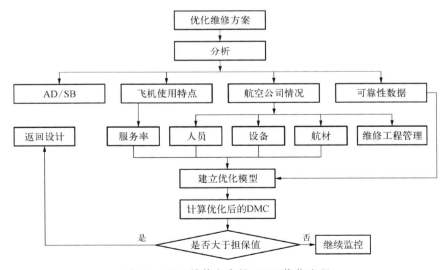

图 8.4   基于维修方案的 DMC 优化流程

8.2 DMC 监控方法

8.2.1 数据采集与处理

1. 数据采集

数据采集是指采用某些技术实现有针对性、行业性、精准性的数据抓取,并按照一定规则和筛选标准进行数据归类。

分别针对 A 检、C 检采集历年的例行工时、消耗航材、客舱维护、改装等成本数据,采集发动机维修工时、材料、时寿件更换费用以及运费等,采集机队中最影响维修成本的零部件维修的工时及材料费用,采集可靠性数据等,这些采集到的数据就是维修成本分析的基础数据。通过采集飞机维修成本的基本数据,针对航空公司自身的机队和营运特点[36],可以对得到的基本数据进行进一步的研究。

业务数据的采集和分析可利用表 8.1 所示的关系型数据库的形式进行采集。

表 8.1 ［DMC 实际输出］表字段信息调查表

序号	业务字段名称	类型	字段描述
1	航线 DMC	数字	
2	定检 DMC	数字	
3	原位维修成本	数字	
4	离位维修成本	数字	
5	有计划拆卸可修件的维修成本	数字	
6	有计划拆卸不可修件的维修成本	数字	
7	无计划拆卸可修件的维修成本	数字	
8	无计划拆卸不可修件的维修成本	数字	
9	DMC	数字	

针对表 8.1 中的数据,需要在航空运营单位采集相应的数据进行分析和处理得到,可以使用不同的 DMC 分类和归并方法进行计算,不同的航空企业也会有不同的处理方法,例如,直接人工费的单机计算归并方法会有不同的估算方法。航空公司需要采集的数据包括如下。

（1）航空器运营数据及使用材料、人工:机型、系列号、航空器注册号(具体系列号和注册号信息用编码代替)、在用架日、当月总飞行时间、当月总起落次数、当月营运飞行时间、当月营运起落次数累积飞行时间、累积飞行起落;当月运营使用材料名称、数量、单价、人工小时等。

（2）发动机及 APU 运营数据及使用材料、人工：机型、发动机型号、发动机序列号、装机航空器注册号、装机位置、当月使用时间、当月使用循环、当月是否大修、修后使用时间、修后使用循环、总使用时间、总使用循环；每次维护使用材料名称、数量、单价、人工小时等。

（3）维修数据及使用材料、人工信息：机型、航空器注册号、日期、任务号、任务描述、任务来源、检查间隔、参考资料、累积飞行时间、累积起落次数、上次检查后飞行时间、上次检查后起落次数、检查发现、排故措施、章节；每次维修中使用材料名称、数量、单价、人工小时等数据。

（4）故障修理及使用材料、人工等信息：机型、航空器注册号、航空运营商、报告编号、基本信息（运营种类、航班号、发生时间、发生地点、发生阶段、涉及主要系统、故障现象、预防/紧急措施、故障件/更换件名称）；故障恢复修理中使用材料名称、数量、单价、人工小时等数据。

通过上述数据的采集和分析处理，可以得到表 8.1 中所需要的各项成本数据，根据不同的实际情况以及公司的运营统计方法，以及不同的统计分析目的，可能 DMC 的分析统计也会有一些差异。通常，每项数据所涉及的归并分析数据项如下。

（1）航线直接维修成本：涉及航前检查小时数、过站检查小时数、航后检查小时数、运营天数、平均日飞行小时数、飞行小时循环比和人工时费率以及消耗材料等。

（2）原位计划维修成本：通过平均计划维修间隔、原位计划维修测试需要的人工时、原位计划修理需要的人工时、人工时费率等数据计算出原位计划维修人工时费；通过原位计划维修需要的材料费和平均计划维修间隔计算出原位计划维修材料费。原位计划维修成本即原位计划维修人工时费和材料费之和。

（3）原位非计划维修成本：涉及平均非计划拆卸间隔时间、原位非计划测试需要的人工时、原位非计划修理需要的人工时、人工时费率等数据。

（4）离位维修成本：是离位计划维修成本和离位非计划维修成本之和。其中，离位计划维修成本涉及计划拆卸可修件的维修成本与有计划拆卸不可修件的维修成本，离位非计划维修成本涉及无计划拆卸可修件的维修成本和无计划不可修件的维修成本；各项成本的计算涉及维修中使用的材料的名称、件号、序号、使用数量、单价、修理人工小时、人工费率等信息。

在数据采集中，也可参考 ATA2200 及 ASD 系列标准等规范的数据形式进行采集和分析，如图 8.5～图 8.7 所示。在数据采集中，也可参考 ATA2200 及 ASD 系列标准等规范的数据形式进行采集和分析。

ATA2200 规范是将飞机运营商和制造商组织在一起共同策划、编制、验证和制定，用来改进技术信息过程的数字化资料规范。在数据采集中，ATA2200 在编

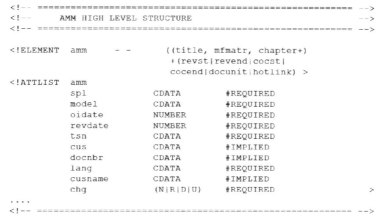

图 8.5 ATA2200 中的数据采集样例

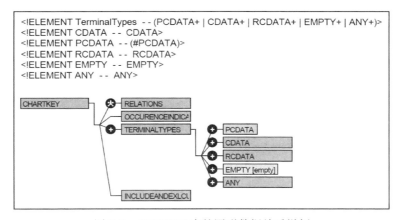

图 8.6 ATA2200 中的图形数据关系样例

码规则管理、数据类型及生产数据库等方面进行了规范,建模方法和技术以标准、一致和可预测性的方式提供信息,以便将数据作为资源进行管理。将方法和技术如图 8.5 所示,以 AMM 高水平结构为例,需提供题目等元素和文档、语言等信息列表,并按照规则将提取的信息进行整理。

同时,ATA2200 还提出数据采集中的四点因素。促进不同目的,范围和复杂性的系统的发展,即遗传性;数据的表示是完整的、正确的、一致的和可用的,即严谨准确。促进增进理解、沟通、共识和验证,即简洁。能够表示功能要求,而不是简单的物理或组织约束,即概念性。图 8.6 以树状图方式表示通用的数据采集,将相关数据完整正确地梳理出来,并且简洁易懂。

ASD－S5000F 规范为便于在役期间数据反馈交换和相关业务过程进行,定义了一系列数据模型,方便数据处理。首先描述整个模型中使用的基本类型和

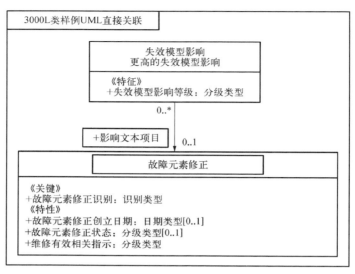

图 8.7　S5000F 中的数据类及类之间关系

复合属性,以便读者能够充分理解用于不同类的不同属性。然后定义类的特定化,即根据具体情况展开关联,以提供这些基类的扩展的可见性。图 8.7 以故障元素修正为例展示数据类与类之间的关系。根据失效模型影响和更高的失效模型影响提取出失效模型等级特征,并确定分级类型。根据提取出的失效模型等级针对故障元素进行修正,进一步提取出故障元素修正中的信息,其关键是故障元素修正识别,特征是故障元素修正创立日期、故障元素修正状态及维修有效相关指示。通过上述类型和属性分析,将故障元素修正这一项目及其相关项目进行关联。

2. 数据处理

就飞机维修成本而言,其构成情况按不同的分类方法,可进行如下分类[37-39]:按照财务类型可分为工时费用和材料费用;按照维修活动类型可分为航线维护、定检、大修和零部件维修费用;按 ATA 章节可分为发动机、起落架、系统、结构、设备与客舱、APU 费用;还可以按照例行与非例行、飞行循环与飞行小时来进行分类研究。

不同的成本区分方式,有利于在基础成本之上进行研究,以发现维修成本的驱动因素,形成相应的解决方案。为方便公司的成本趋势分析,又便于与世界同类型机队成本比较,需要从系统化的角度采用相同的成本数据,将采集到的飞机维修成本标准化。由此,分别针对 A、C、D 检采集历年的例行工时、非例行工时、消耗材料、客舱维护、改装和工程指令(EO)的成本数据,采集机队中最影响维修成本的前30 种零部件维修的工时及材料费用等,进行标准化处理。

1）机龄标准化

采集到的基础数据都受到机队飞机机龄的影响。一般而言，机龄越长其定检维修费用就越高[40]。飞机在 4～10 年的机龄中，维修成本是相对稳定的，称为成熟期。而小于 4 年和大于 10 年的飞机，随着机龄的增加，飞机的维修成本呈上升趋势。机龄成本曲线受航空公司的日常维修水平、维修方案和航线结构等因素的影响。为了便于比较分析，需要将不同机龄的飞机维修成本折算为相应的成熟期的飞机维修成本。

2）航程标准化

不同航空公司的每飞行小时维修成本随航线长度变化的曲线是各不相同的，但总的变化趋势是，随着航线长度的增加，每小时维修成本不断减少，直到航线长度大于 5 小时后，维修成本趋于一个相对稳定的水平。在进行维修成本的分析时，一般将不同航线长度的成本数据折算为航线长度相同的成本数据进行分析。

工时费用的转换系数：

$$[(i/x)+j]/[(i/y)+j]$$

材料费用的转换系数：

$$[(m/x)+n]/[(m/y)+n]$$

其中，i、j、m、n 均是比率，且 $i+j=100\%$，$m+n=100\%$，四者是由飞机机体、发动机、零部件的维修费用与飞行循环的相关性和航线的循环/小时比等决定的；x、y 分别表示基准航线长度和待转换的航线长度。

3）维修方式标准化

由于航空公司自身能力的限制，必然会有部分深度维修和特殊工艺的维修工作外包给其他专业厂家完成。在对维修成本进行分析时，有必要对外包合同形式下的维修成本进行调整。外包合同中维修厂家收取的费用还包括其自身的管理费用和利润[41]，调整后的合同总费用应不包括这部分费用。再按照内场修理的工时和材料对调整后的合同总费用进行分配，这样才能保证成本数据的可比较性。

8.2.2 运营阶段 DMC 计算模型

常见的成本计算方法主要有工程估算法、参数模型法、基于案例推理法和专家判断法[42-45]。工程估算法是一种按照成本分解结构（CBS）中各成本单元自下而上的累加方法，预测精度高，但复杂、烦琐且费时，采用工程估算法必须对研究对象有系统详尽的了解；参数估算法认为研究对象和其影响因素具有某种映射关系，根据已有的成本数据运用统计回归方法建立估算模型，方法简单，但较粗略，精度不高；基于案例推理法建立在相似系统基础上，通过对现有系统的各项费用进行修正得到新系统的费用，误差较大；专家判断法则依赖于专家的经验，常用于辅助其他预测方法。本书主要介绍工程估算法,简要介绍参数模型法和基于案例推理法。

1. 工程估算法

工程估算法是一种自下而上累加的方法。它的思路是将飞机维修阶段的各费用项目分解到最基本的费用单元,再逐项估计每项费用单元的费用,自下而上累加求得产品费用估算值。

运用工程估算法进行估算时,首先应根据费用估算的具体目的和要求,将该项目分解为最基本的费用单元。但无论怎样细分,都应当遵循以下几点原则[46]:

(1) 必须完整考虑系统的一切费用。工程估算法是通过累加分解出的每项基本费用单元的预测费用来对整体费用进行预测的,若在划分基本费用单元时就不能完整考虑该费用所涉及的各个方面,那么预测出来的整体费用也便没了意义。

(2) 各项费用必须有严格的定义,划分出的基本费用单元要能完整地涵盖整体的费用,且彼此之间要相对孤立,不能有交叉重叠之处,防止费用的重复计算或漏算。

(3) 划分出的费用项目分解结构应该与该项目的结构以及公司的账务保持一致。

(4) 应明确哪些费用是非再现费用,哪些为再现费用。

显然,要想估算得准确,就必须对产品系统有全面详尽的了解,并能准确细致地划分基本费用单元。因此工程估算方法工作量比较大,常常需要进行非常繁杂的计算。但是,使用这种方法不仅能得到项目整体的精确费用估算结果,而且对于具体的费用单元也能有明确的估算结果,对全面把握费用项目有很大的帮助,因此,它仍是目前用得较多的评估方法之一。若能将各项目适当编码并规范化,通过计算机进行估算,解放人工计算的繁重过程,工程估算法将更加方便和理想。

工程估算法的优缺点如下。

优点:工程估算法在计算过程中考虑了所有的费用项目,也明确了所有费用的流向,因此所估计的维修成本比较详细、准确。

缺点:这种评估算法需要把每个系统的费用累加,因此工作量比较大,更适合计算机估算。

具体算法如下。

飞机维修具有明显的周期性,航空公司依据维修大纲及法规文件参考飞机制造商提供的 MPD,同时结合自身的经验制定维修计划,目前国际上通用的方法是将维修任务组包,按维修等级或字母检划分飞机维修任务的级别,以便安排维修计划的具体实施。

按照维修级别,定检的 DMC 可以分为原位维修的成本和离位维修的成本。离位维修成本包括部附件修理成本和发动机修理成本。

DMC 的组成如图 8.8 所示。

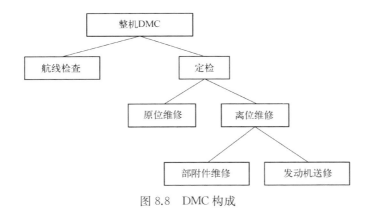

图 8.8　DMC 构成

1）航线 DMC

航线 DMC 主要是指由例行检查产生的人工成本。航线 DMC 由航前、过站、航后维修成本构成,成本计算公式如下:

$$\text{Cost}_{\text{Line}} = \left[L_1 + \left(\frac{D_u}{R_{\frac{\text{FH}}{\text{FC}}}} - 1 \right) L_2 + L_3 \right] R_{\text{MH}} D \qquad (8-1)$$

其中,$\text{Cost}_{\text{Line}}$ 为航线 DMC;L_1 为航前检查小时数;L_2 为过站检查小时数;L_3 为航后检查小时数;D_u 为平均日飞行小时数;$R_{\frac{\text{FH}}{\text{FC}}}$ 为飞行小时和飞行循环之比;R_{MH} 为人工时费率;D 为运营天数。

2）定检 DMC

定检 DMC 可以分为原位维修成本和离位维修成本。离位维修成本主要包括部附件修理成本和发动机修理成本[41],本书主要考虑部附件维修成本。

在离位维修成本中,零部件可分为两大类,即可修件和不可修件。其中,可修件具有"使用–修理–使用"的特点,不可修件具有"使用–报废"的特点。根据有无计划拆卸,又可分为以下四类。

有计划拆卸的可修件:具有故障后可以修复并重新使用的特点,但是存在定时维修的限制,即达到使用生命之后就不再修复使用而是报废,达到翻修期限之后就不再使用而是拆卸下来进行彻底翻修。

无计划拆卸的可修件:在故障之后可以修复并重新使用,但是它的修复次数不受时间限制,理论上可以无限期地修复使用。

有计划拆卸的不可修件:使用到一定的生命期限就不再使用,在生命期内如果有故障就报废。

无计划拆卸的不可修件:可以使用到故障报废,对生命没有特别要求。

由图 8.8 可知,可修件的计划拆卸和非计划拆卸构成了部附件的离位维修费

（维修人工时费和材料费），因此，估算部附件的离位维修成本也就是对可修件的计划拆卸和非计划拆卸的维修活动成本进行估算。

对于有计划拆卸的可修件，包括计划维修和非计划维修。具体的估算模型如式（8-2）、式（8-3）所示：

$$\text{FM}_{\text{LR}} = \begin{cases} \dfrac{\text{MH}_{\text{LRLM}} \times R_{\text{MH}}}{T_R} + \dfrac{\text{MH}_{\text{LRUT}} \times R_{\text{MH}}}{\text{MTBUR}} + \dfrac{\text{MH}_{\text{LRUM}} \times R_{\text{MH}}}{\text{MTBF}}, & \text{有定时修复} \\[3mm] \dfrac{\text{MH}_{\text{LRUT}} \times R_{\text{MH}}}{\text{MTBUR}} + \dfrac{\text{MH}_{\text{LRUM}} \times R_{\text{MH}}}{\text{MTBF}}, & \text{无定时修复} \end{cases}$$

$$(8-2)$$

$$\text{FC}_{\text{LR}} = \begin{cases} \dfrac{\text{MC}_{\text{LRLM}}}{T_R} + \dfrac{\text{MC}_{\text{LRUM}}}{\text{MTBF}}, & \text{有定时修复} \\[3mm] \dfrac{\text{MC}_{\text{LRUM}}}{\text{MTBF}}, & \text{无定时修复} \end{cases} \quad (8-3)$$

其中，FM_{LR}为有计划拆卸可修件的离位人工时费；FC_{LR}为材料费；T_R为可修件的平均计划维修间隔；R_{MH}为零部件维修的人工时费率；MH_{LRLM}为有计划拆卸可修件在计划拆卸后一次车间维修需要的人工时；MH_{LRUT}为有计划拆卸可修件非计划拆卸后一次车间测试需要的人工时；MH_{LRUM}为有计划拆卸可修件非计划拆卸后一次车间修理需要的人工时；MC_{LRLM}为有计划拆卸可修件在计划拆卸后一次车间维修需要的材料费；MC_{LRUM}为有计划拆卸可修件非计划拆卸后一次车间修理需要的材料费。

对于非计划拆卸的可修件，只与非计划维修有关，具体的估算模型如式（8-4）、式（8-5）所示：

$$\text{FM}_{\text{UR}} = \frac{\text{MH}_{\text{URT}} \times R_{\text{MH}}}{\text{MTBUR}} + \frac{\text{MH}_{\text{URM}} \times R_{\text{MH}}}{\text{MTBF}} \quad (8-4)$$

$$\text{FC}_{\text{UR}} = \frac{\text{MC}_{\text{URUM}}}{\text{MTBF}} \quad (8-5)$$

其中，FM_{UR}为非计划拆卸可修件的离位人工时费；FC_{UR}为材料费；R_{MH}为零部件维修的人工时费率；MH_{URT}为非计划拆卸可修件非计划拆卸后一次车间测试所需要的人工时；MH_{URM}为非计划拆卸可修件非计划拆卸后一次车间修理所需要的人工时；MC_{URUM}为非计划拆卸可修件非计划拆卸后一次车间修理所需要的材料费。

在原位维修成本中，原位维修成本分为原位计划维修成本和原位非计划维修成本。

对于原位计划维修,可分为计划维修测试、计划维修修理和计划维修测试发现的非计划维修修理。具体的估算模型如式(8-6)、式(8-7)所示:

$$\mathrm{PM}_{\mathrm{LR}} = \frac{\mathrm{PH}_{\mathrm{LRUT}} \times R_{\mathrm{MH}}}{T} + \frac{\mathrm{PH}_{\mathrm{LRUM}} \times R_{\mathrm{MH}}}{T} \tag{8-6}$$

$$\mathrm{PC}_{\mathrm{LR}} = \frac{\mathrm{PC}_{\mathrm{LRLM}}}{T} \tag{8-7}$$

其中,$\mathrm{PM}_{\mathrm{LR}}$ 为原位计划维修人工时费;$\mathrm{PC}_{\mathrm{LR}}$ 为材料费;T 为平均计划维修间隔;R_{MH} 为人工时费率;$\mathrm{PH}_{\mathrm{LRUT}}$ 为原位计划维修测试需要的人工时;$\mathrm{PH}_{\mathrm{LRUM}}$ 为原位计划维修需要的人工时;$\mathrm{PC}_{\mathrm{LRLM}}$ 为原位计划维修需要的材料费。

对于原位非计划维修,包括非计划维修测试和非计划维修修理。具体估算模型如式(8-8)、式(8-9)所示:

$$\mathrm{FM}_{\mathrm{UR}} = \frac{\mathrm{PH}_{\mathrm{URT}} \times R_{\mathrm{MH}}}{\mathrm{MTBUR}} + \frac{\mathrm{PH}_{\mathrm{URM}} \times R_{\mathrm{MH}}}{\mathrm{MTBF}} \tag{8-8}$$

$$\mathrm{FC}_{\mathrm{UR}} = \frac{\mathrm{MC}_{\mathrm{URUM}}}{\mathrm{MTBF}} \tag{8-9}$$

其中,$\mathrm{FM}_{\mathrm{UR}}$ 为原位非计划维修人工时费;$\mathrm{FC}_{\mathrm{UR}}$ 为材料费;R_{MH} 为人工时费率;$\mathrm{PH}_{\mathrm{URT}}$ 为非计划维修原位测试所需要的人工时;$\mathrm{PH}_{\mathrm{URM}}$ 为非计划维修原位修理所需要的人工时;$\mathrm{MC}_{\mathrm{URUM}}$ 为非计划维修原位修理所需要的材料费。

3) DMC 模型

工时费包含航线 DMC 和定检的原位、离位人工时费。

$$\mathrm{Cost}_H = \mathrm{Cost}_{\mathrm{line}} + \mathrm{FM} + \mathrm{PM} = \mathrm{Cost}_{\mathrm{line}} + \sum \mathrm{FM}_{\mathrm{LR}}$$
$$+ \sum \mathrm{FM}_{\mathrm{UR}} + \sum \mathrm{PM}_{\mathrm{LR}} + \sum \mathrm{PM}_{\mathrm{UR}} \tag{8-10}$$

其中,Cost_H 为人工时费;FM 为离位人工时费;PM 为原位人工时费。

$$\mathrm{Cost}_M = \mathrm{FC} + \mathrm{PC} + \mathrm{PC}_{\mathrm{engine}} = \sum \mathrm{FC}_{\mathrm{LR}} + \sum \mathrm{FC}_{\mathrm{UR}}$$
$$+ \sum \mathrm{PC}_{\mathrm{LR}} + \sum \mathrm{PC}_{\mathrm{UR}} + \mathrm{PC}_{\mathrm{engine}} \tag{8-11}$$

其中,Cost_M 为人材料费;FC 为离位材料费;PC 为原位材料费;$\mathrm{PC}_{\mathrm{enging}}$ 为发动机送修费用。

4) 案例分析

飞机和机载设备经过一段时间的飞行之后,可能发生磨损、松动、断裂和腐蚀等现象;飞机和机载设备各系统使用的油料油脂(如液压油、滑油、齿轮油等)可能变质或短缺,需要更换或添加。所以每隔一定的时间,就要对飞机和机载设备进行一次定检检查和修理。同时,在定检进行的过程中,还可以对飞机各系统进行检查,从而发现可能存在的威胁飞行安全的故障并进行排故,保证飞行活动能够安全地进行。

根据维修内容和维修间隔时间的不同,定检维修分为 A 检、C 检和结构检。但是在实际工作中,航空公司通常会把 A 检和 C 检再次划分,形成几个子 A 检和几个子 C 检。因此,在评估时应按照不同的子检分别进行分析。但是 A 检、C 检还是结构检,其成本都可以再具体划分为人工时成本和材料费成本[48]。同时,无论人工时成本还是材料费成本均分别包括由计划维修和非计划维修产生的人工时成本和材料费成本(图 8.9)。这些划分层次清晰、结构明确,且完整地包含了定检维修成本的各个方面。因此,选用工程估算法对定检维修成本进行评估是非常合适的。

A 检维修成本
- 人工时成本
  - 计划人工时成本
  - 非计划人工时成本
- 材料费成本
  - 计划材料成本
  - 非计划材料成本

图 8.9　A 检维修成本结构划分

对于人工时成本 $C_{p\mathrm{MH}}$,其计算公式为

$$C_{p\mathrm{MH}} = \mathrm{MH}_p \times R \qquad (8-12)$$

其中,R 为人工时费率;MH_p 为单次维修消耗的人工时数的预测值。

而对于材料费 $C_{p\mathrm{Mat}}$,同样经研究发现它与定检中消耗的人工时呈现一定的线性比关系。即

$$C_{p\mathrm{Mat}} = \mathrm{MH}_p \times \beta \qquad (8-13)$$

在不同的机型、不同的定检级别中,有不同的取值范围,但一般在 12~25。

综上所述,将人工时成本与材料费成本加在一起,就是本次维修所产生的维修成本的预测值,即

$$C_p = C_{p\mathrm{MH}} + C_{p\mathrm{Mat}} \qquad (8-14)$$

至此,也就建立好了定检维修的评估模型。因此在预测时,首先应从飞机开始运行的年限起,根据飞机的年利用率和各个级别的定检维修间隔,分别确定每年发生几次 A 检、C 检和结构检。然后确定各子检的级别,再按级别进行预测。

现在以某航空公司 A320 飞机为例,其年利用率为 3 100 飞行小时,人工时费

率为 $R = 50$。A 检分为 A1～A4 四个子检,C 检分为 C1～C8 八个子检,且结构检分为 5 年结构检和 9 年结构检两种。需要指出的是,C4 检和 C7 检分别是与 5 年结构检和 9 年结构检同时进行的,所以在计算维修成本时不再单独计算 C4 检与 C7 检,而是分别捆绑到两个结构检中。

以 A 检为例,子 A 检之间的维修间隔为 425 FH,且 A1、A2、A3、A4 检的计划人工时分别为 45 MH、160 MH、175 MH、45 MH。若要计算第三年发生的 A 检的成本,则需要首先确定该年中发生的子 A 检的次数以及级别。A 检的次数假设为 3,则

$$3\,100 \times (3 - 1) \div 425 \approx 15$$

$$3\,100 \times 3 \div 425 \approx 22$$

即可得到一个关于 A 检次数的区间 $(14, 21]$。再将区间内的数除以 4 取余,得到第三年子 A 检的次数及级别(表 8.2)。

表 8.2　第三年子 A 检次数与级别

余数	3	0	1	2	3	0	1
子 A 检	A3	A4	A1	A2	A3	A4	A1

再根据前面内容,取首个 A1 检时失效率因子为 0.4,增长率为 5%,则第 i 年的失效率便可由下式确定:

$$\alpha(i) = 0.4 \times 1.05^{i-1}$$

当 $i = 3$ 时, $\alpha(3) = 0.4 \times 1.05^{3-1} = 0.441$。

再取,则对于第三年发生的 A 检,其成本如表 8.3 所示。

表 8.3　第三年子 A 检估算成本　　　　　　　　　　　　　　　　单位:元

A 检	A3	A4	A1	A2	A3	A4	A1
成本	16 391.375	4 214.925	4 214.925	14 986.4	16 391.375	4 214.925	4 214.925

对于 C 检和结构检,按照上述步骤即可一步步得到想要的结果。

可以看出,利用工程估算法对维修成本进行评估,不仅可以得到较为精确的结果,而且具体到每一个子成本也都能得到详细的分析。而对于航空公司,在知道各具体维修成本的具体情况后,可以据此对维修成本的主要成本费用有清晰的把握,以之进行更好的决策。

2. 参数模型法

参数模型法的主要思路是把维修费用看做因变量,其影响因素看做自变量,然

后建立函数关系进行评估。因此若要运用这种方法,首先要找到费用的主要影响因素,也就是要建立函数的主要参数[49,50]。再根据同类或相似产品的已知数据建立模型,以进行预测。

这种方法要求估算人员能详细了解要估算的维修费用模型,准确地抓住函数的自变量,并建立正确的关系模型。同时,在建模的时候还要大量的可靠数据才能使费用估算较为准确。此外,它还适用于确定费用的主导因素和进行费用敏感度分析。但是参数模型法也有其局限性,具体如下。

(1) 按某一个公司的历史数据建立的模型一般只能应用于此公司的新产品预测,不能直接套用于其他公司。也就是说,其他公司若想利用此模型,必须要弄清楚这个模型的产生背景、各变量的定义、产品特点及该产品的研制费是否适合使用该模型来估算等条件,然后重新进行参数估算,才能应用。

(2) 需求数据多,估算精度较差。首先使用此种方法评估费用需要大量可靠的历史数据,这些数据要全面包含建模所需的参数。而并不是所有的历史数据都能完全满足现在的建模要求,因此若使用这些数据来建模,则必然会造成估算结果的较大误差。

参数模型法是先确定影响维修成本的主要因素(参数),再利用某种函数关系把维修费成本和影响维修成本的因素联系起来。

参数模型法的步骤如下。

(1) 根据航空公司维修数据确定维修成本构成如图 8.10 所示,需要根据每一项成本项目确定其关键影响因素以及函数关系进行估算。

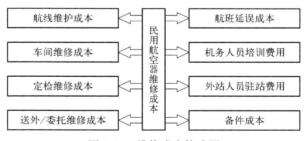

图 8.10   维修成本构成图

参数说明如下。

航线维护成本:航线维护成本也是人工时成本,是航线时维修人员的工时费用。

车间维修成本:在车间维修航线可更换件所产生的费用。

定检维修成本:定检维修成本是指航空公司或维修单位在执行维修方案中的所有定期任务时所产生的消耗的材料费用以及工时费用。

送外/委托维修成本：当航空公司或维修单位不具备维修能力时委托或送外维修所产生的费用。

航班延误成本：这里的航班延误成本是指因为维修原因所造成的航班不能正常执行所造成的经济损失，据统计，这种延误占到总航班延误的 30%～40%。

备件成本：消耗件成本、和机队的初始供应成本以及周转件所需的库存费用和保存消耗件。

机务人员培训费用：机务人员培训费用是指航空公司对机务人员在专业能力、通用能力、心智能力和人格品质四个维度进行培训所需的费用。其中，专业能力是航空机务人员运用专业知识和技能完成工作任务、实现岗位职责的能力。专业能力包括知识储备能力、维修操作技能和事故处理能力。通用能力是航空机务人员完成工作的基本素质要求。主要包括分析能力、创新能力、执行能力、学习能力、协调能力。心智能力是指航空机务人员潜在的素质，是实现个人发展及适应环境等方面的能力。包括团队意识、安全意识、变通意识和沟通技巧。人格品质是指航空机务人员的职业道德水平及个人修养。人格品质主要包括纪律性、独立性、严谨认真、吃苦耐劳、自我控制和成就动机。

外站人员费用：外站人员费用指航空公司花费在负责及时与合适的外围维修单位沟通协调的人员的费用。

（2）确定影响维修成本的参数。

参数确定的原则：在充分分析维修成本的前提下确定适当的成本参数；该参数充分反映维修成本；该参数有利于维修成本影响因素的分析，比较容易的与实际影响因素联系；该参数容易获取。

（3）数据收集及处理。

参数模型法中所建立的数学模型的精度和可信度由历史数据的正确性和可靠性决定，所以必须对所收集到的数据进行预处理。

① 数据的修正。因为有时我们所收集的数据时间跨度相当大，并且由于很多客观原因，这些数据没有统一的标准，因此在使用前为了便进行数据的再处理，必须要对数据进行标准化。

② 数据的聚类分析。航空公司或维修单位在实际管理过程中并没有严格按照设定的数据参数进行审核、统计，所以可能存在数据的重叠和遗漏，因此要对数据进行清理和聚类。

（4）分析数据与维修成本之间的关系，得出估算表达式。

这个过程就是建模过程，用一个函数把维修成本与数据之间的关系表达出来。

（5）评估分析。

为了确保所建立的模型有较高的精度能应用于预测实际，把预测值进行分析，也称为进度检查，查看预测出来的值是否满足要求。

（6）进行回归分析。

参数模型法建模方法

1）时间序列法

（1）时间序列：系统中某一变量的数值或者是统计的观测值，按照时间顺序成 $\{x_1, x_2, \cdots, x_{n-1}, x_n\}$ 的数据列。时间序列研究系统的历史客观记录，因此它包含了系统的运行规律和结构特征，通过对时间序列进行研究来认识系统的结构特征，揭示系统的运行规律从而进行预测。

（2）时间序列预测：设此时时刻为 t，数据均值平稳的时间序列 $\{x_t\}$ 在时刻 t 及以前的观测值为 $\{x_t, x_{t-1}, \cdots\}$，用序列 $\{x_t\}$ 对时刻 t 以后的观察值 $x_{t+m}(m >$ 0）进行预测，这种预测是以时刻 t 为原点的向前步长为 l 的预测。

（3）时间序列预测的过程：在系统预测中的每一个时间序列都是在某一时间变化的随机过程的一个样本，通过分析这些样本，找出动态过程的特性、最佳的数学模型、估计模型的参数及检验利用数学模型进行统计预测的精度。

（4）时间序列分类：时间序列的形成是多种不同因素对事物的发展变化起共同作用的结果，这些构成因素根据其表现形式和性质可归纳为以下四类：

① 长期趋势；

② 季节变动；

③ 周期变化；

④ 不规则波动。

2）灰色模型预测法

（1）灰色预测简介：灰色模型预测法基于灰色系统理论[32]的预测，灰色预测是通过分析系统内各元素之间发展趋势差异的程度，也就是进行数据之间的关联分析，并对原始数据进行处理寻找系统变化的趋势，生成规律性较强的生成数据列，然后建立微分方程，从而进行系统未来的发展状况的预测。

（2）灰色预测的优缺点。

缺点：只有数据的变化趋势很明显时，才能建立比较精确的预测模型，此种方法预测是基于系统按原趋势发展变化的假设为基础预测的，因而未考虑对未来变化产生影响的不确定因素。

优点：当系统的部分信息已知，部分信息位置的情况下，灰色预测有比较好的表现，也就说是灰色理论对小样本、贫数据情况下的建模处理比较有实际意义。

3）回归分析法

回归预测法是研究变量之间相互关系的梳理统计分析的方法，回归分析根据自变量的个数不同常常分为一元回归和多元回归，根据变量之间的相互关系又可分为线性回归和非线性回归。

（1）一元线性回归模型

回归预测模型的一般形式如式（8-15）所示：

$$y = f(x) \tag{8-15}$$

模型的一元线性函数形式为

$$y = a + bx \tag{8-16}$$

如果式（8-16）中的参数 a、b 已知，给定 x 值即可确定 y 的值。在笛卡儿坐标系中，此式可以用一条斜率为 b，截距为 a 的直线表示。

预测的机理是用已有的历史数据，分析系统的变化规律，计算出系数 $\hat{a}$ 和 $\hat{b}$ 的值，此时就可以得出该系统的变化规律：

$$\hat{y} = \hat{a} + \hat{b}x \tag{8-17}$$

式（8-17）就是需要得到的一元线性回归模型的预测式。

（2）一元非线性回归模型

因为实践中得到的两个变量一般都呈现非线性关系，通常情况下，非线性函数都可通过变量代换的方法或者利用泰勒级数展开式的方法变成一元线性函数和多元线性函数，对于转化过来的一元线性问题可采用一元线性回归模型的方法，对于泰勒级数展开转化过来的多元线性问题，采用多元回归分析法去解决。

① 化为一元线性函数

（a）先确定曲线。根据理论分析以及以往所积累的经验，确定 x、y 之间的函数类型；若数据量不大，做出数据的散点图，观察散点的分布并确定函数的类型；采用多种不同曲线模型进行分析、比较，从中选择一个较好的形式作为模型。

（b）变量代化转化为一个一元线性函数形式。

② 化为多元线性函数

将式（8-18）中的形式：

$$y = a + b_1 x + b_2 x^2 + \cdots + b_n x^n \tag{8-18}$$

通过变量代换的方式令 $X_1 = X$，$X_2 = X^2$，$\cdots$，$X_n = X^n$，则转变后的多元线性模型为

$$y = a + b_1 x_1 + b_2 x_2 + \cdots + b_n x_n \tag{8-19}$$

（3）多元线性回归模型

多元线性回归分析的原理与一元线性回归分析基本相同，只是在计算上比较复杂，分析方法的理论上更为深入。式（8-19）为多元线性模型的一般形式，它可采用多元线性回归的方法建立模型。

参数模型法之灰色理论预测案例如下。

表 8.4 给出了某型飞机 2000～2008 年航前维修成本的数据,运用这些数据建立 GM(1,1)模型,进行计算。

表 8.4　维修费用预测值表　　　　　　　　　　单位:万美元

年 份	2000	2001	2002	2003	2004	2005	2006	2007	2008
预测值	452.20	948.47	1 483.28	2 059.64	2 680.76	3 350.11	4 071.46	4 848.83	5 686.58
中间值	452.20	496.27	534.81	576.36	621.12	669.35	721.35	777.37	837.75
初始序列	452.20	516.12	516.95	562.37	632.10	658.20	732.45	794.31	824.79

由表 8.4 可知初始序列为

$$X^{(0)} = [452.20, 516.12, 516.95, 562.37, 632.10,$$
$$658.20, 732.45, 794.31, 824.79]$$

得到生成序列为

$$X^{(1)} = [452.20, 968.32, 1\ 485.27, 2\ 047.64, 2\ 679.74, 3\ 337.94,$$
$$4\ 070.39, 4\ 864.70, 5\ 689.49]$$

进一步计算可得

$$B = \begin{bmatrix} -710.26 & 1 \\ -1\ 226.795 & 1 \\ -1\ 766.455 & 1 \\ -2\ 363.69 & 1 \\ -3\ 008.84 & 1 \\ -3\ 704.165 & 1 \\ -4\ 467.545 & 1 \\ -5\ 277.095 & 1 \end{bmatrix}, \quad Y = \begin{bmatrix} 516.12 \\ 516.95 \\ 562.37 \\ 632.10 \\ 658.20 \\ 732.45 \\ 794.31 \\ 824.79 \end{bmatrix}$$

待估参数向量为

$$\hat{\partial} = \begin{bmatrix} -0.074\ 8 \\ 444.116\ 4 \end{bmatrix}$$

最终得

$$\hat{X}^{(1)}(k+1) = 6\ 389.585 e^{0.074\ 8k} - 5\ 937.385\ 0$$

进行一次累减生成,还原可得预测估计值,具体计算值见表 8.5。

表 8.5　维修费用预测值表
单位：万美元

年　份	2000	2001	2002	2003	2004	2005	2006	2007	2008
生成序列预测值	452.20	948.47	1 483.28	2 059.64	2 680.76	3 350.11	4 071.46	4 848.83	5 686.58
预测序列	452.20	496.27	534.81	576.36	621.12	669.35	721.35	777.37	837.75
初始序列	452.20	516.12	516.95	562.37	632.10	658.20	732.45	794.31	824.79

　　然后便是对模型进行精度检验，首先进行的是残差检验。计算出与实际数据的绝对误差序列与相对误差序列，具体计算值见表 8.6。

表 8.6　预测模型残差检验数值表

年　份	2000	2001	2002	2003	2004	2005	2006	2007	2008
绝对误差	0	19.85	17.86	13.99	10.98	11.15	11.15	16.94	12.96
相对误差	0	3.85%	3.45%	2.49%	1.74%	1.69%	1.52%	2.13%	1.57%

　　其相对误差均小于 5%，精度较高，模型可用。

　　其次是进行关联度检验。可得

$$\min \mid \hat{X}^{(0)}(k) - X^{(0)}(k) \mid = 0$$

$$\max \mid \hat{X}^{(0)}(k) - X^{(0)}(k) \mid = 19.85$$

再得到关联系数为

$$\eta(k) = [1, \ 0.333\,3, \ 0.357\,2, \ 0.415\,0, \ 0.474\,8, \ 0.470\,9,$$
$$0.470\,9, \ 0.369\,4, \ 0.433\,7]$$

　　计算各关联系数平均值 r，即序列 $\hat{X}^{(0)}(k)$ 与序列 $X^{(0)}(k)$ 的关联度：

$$r = 0.480\,6 < 0.6$$

所以关联度不满意，需要进行修正。

　　根据上面的数据得出残差序列为

$$e^{(0)} = [19.85, \ 1.99, \ -12, \ -1.02, \ -12.17, \ -1.07, \ 15.87, \ 2.91]$$

$e^{(0)}$ 的累加生成序列为

$$e^{(1)} = [19.85, \ 21.84, \ 9.84, \ 8.82, \ -3.35, \ -4.42, \ 11.45, \ 14.36]$$

则 $e^{(1)}$ 相应的 GM(1，1) 模型为

$$\hat{e}^{(1)}(k+1) = 18.578\,1 e^{0.104\,8k} - 1.271\,9$$

│ 181

其导数为

$$\hat{e}'(k+1) = -1.947\,0e^{0.104\,8k} - 1.271\,9$$

最后的到修正模型为

$$\hat{X}^{(1)}(k+1) = \begin{cases} 6\,389.585\,0e^{0.074\,8k} - 5\,937.385\,0, & k < 2 \\ 6\,389.585\,0e^{0.074\,8k} - 1.947\,0e^{0.104\,8(k-1)} - 5\,937.385\,0, & k \geqslant 2 \end{cases}$$

由模型可预测 2008～2010 年的航线维修成本如下。

2008 年：

$$\hat{X}^{(1)}(8+1) = 6\,389.585e^{0.074\,8\times8} - 1.947e^{0.104\,8(8-1)} - 5\,937.385 = 5\,682.53$$

2009 年：

$$\hat{X}^{(1)}(9+1) = 6\,389.585\,e^{0.074\,8\times9} - 1.947\,e^{0.104\,8(9-1)} - 5\,937.385 = 6\,584.90$$
$$X^{(0)}(10) = 6\,584.90 - 5\,682.53 = 902.37$$

2010 年：

$$\hat{X}^{(1)}(10+1) = 6\,389.585\,e^{0.074\,8\times10} - 1.947\,e^{0.104\,8(10-1)} - 5\,937.385 = 7\,557.34$$
$$X^{(0)}(11) = 7\,557.34 - 6\,584.90 = 972.44$$

即最终得到的 2009 年和 2010 年的航前维修成本的预测值分别为 902.37 万美元和 972.44 万美元。而根据 2009 年和 2010 年的收集的数据,其航前维修成本分别为 898.15 万美元和 970.24 万美元。与预测值相比较,相对误差分别为 0.47% 和 0.23%,精度较高,预测较为准确。

3. 案例推理法

从目前国内的现状来看,虽然新型飞机找不到原准机,但是在市场上还可以找到一些已经在运营的类似机型。并且,这些类似机型整机级别的维修成本非常容易获得,还有一些宣传用途的数据资料。我们可以利用这些类似机型以及能够获得的类似机型维修成本数据：在整机这一层次上,通过比较新型飞机和多个类似机型之间的相似性,并在这些类似机型维修成本的基础上进行修正,得到新型飞机运营阶段维修成本的估值,以便与担保值比较。具体使用的方法可以引入与此思想非常相符的基于案例推理的理论(CBR)。

CBR 是人工智能领域中越来越受到人们重视的一个分支,起源于美国,以认知科学为基础,基本思想是基于人们在问题求解过程中,习惯回忆过去处理类似问题的经验和获取的知识,再针对新旧情况的差异作相应的调整,从而得到新问题的解并形成新的知识。CBR 推理是一种新的推理求解模式,与其他人工智能方法(如基于规则的推理)相比,它不仅使知识获取更加简便、快捷,而且极大地改善了推理的速度和质量。更为重要的是,它具有增量式的学习功能,通过对新案例问题和解决方案的存储,使得 CBR 的学习能力不断提高,知识和经验不断加强,进而推理的准确性也不断提高。当前,CBR 已经应用在医疗诊断、工程规划、故障诊断等很多领域,并且越来越受到人们的重视。将 CBR 技术用于 DMC 计算中,提出 CBR - DMC 预计方法。

CBR 推理是一个不断循环的过程。典型的推理步骤如图 8.11 所示。

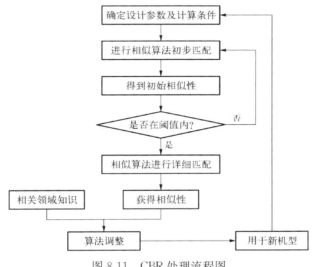

图 8.11　CBR 处理流程图

1）案例检索

案例检索是指根据输入新案例(也就是待解决问题)的有关信息,从案例库中检索到相似的案例。把以往机型的设计参数、DMC 计算条件和 DMC 值作为案例存储为案例库,当输入新机的设计参数时,按照一定的相似算法与案例库中的案例进行初步匹配;然后将匹配结果依据相似度大小排序,设定相似度阈值后,选择相似度不小于阈值的案例作为设计参数和计算条件的详细匹配。

2）案例调整

案例调整是指新旧案例的相似程度,选择最匹配的案例,判断旧案例是否和待解决的问题完全相符,如果完全相符,直接使用最匹配案例的解决方案,如果不相符则需调整后再使用。在 CBR 推理过程中,案例的调整是非常重要的,它决定了新案例的解决方案是否切实可行。根据详细匹配结果和领域知识,利用一种调整算法,便可得到新机的 DMC 初始值。

3）案例修正

案例修正是指提出的解决方案通过仿真或实际应用后会得到检验,利用检验后的结果修正原来的解决方案。当新机试飞或投入运营之后,DMC值会得到验证,这将修正DMC初始值。

4)案例学习

案例学习是指从成功或失败的案例中学习,为将来解决新的问题提供基础。CBR采用增量式学习,能不断积累经验和知识。将经过验证的DMC修正值作为新的案例存入案例库,用于下一次检索。

从CBR的推理过程来看,其特点是:知识获取简单、求解速度快、案例库维护量少、能充分利用现有知识并能不断进行知识的累计。主要难点在于案例的表达、相似性计算和调整算法的实现。

8.2.3　DMC分析与对比研究

通过计算模型得出运营阶段实际DMC值,与从DMC控制中得到的担保值对比,当实际值较大时,向运营者提出改进意见;如果还没有效果,则反馈回去指导在研飞机的设计和在役飞机的改进。

在飞机的运营阶段,通过对DMC的监控和分析,可能会反映出飞机设计方面的缺陷,这时需要向制造商反馈信息,主制造商对飞机的设计进行分析,如果是供应商的产品出现问题,应督促供应商立刻采取措施修改设计;如果是自行设计的产品出现问题,设计部门应立刻查找原因,提出修改方案。无论哪种情况,都要重新进行DMC分析工作,假如经过分析之后,成本是合理的,在技术上又是可行的,则发布设计修改信息。同时,DMC的监控和分析也可能反映出运营人的维修工程管理方面的缺陷和不足,由于自身的原因造成维修成本过高,如果是个别维修管理方面的原因,制造商可以帮助运营者寻找问题产生的根源并进行跟踪考察,同时提出成本改进的建议。如果是民用飞机维修策略上的问题,制造商要修改维修大纲,从而修改维修计划文件,最终使得航空公司的维修方案、维修计划产生改变。

DMC的分析和对比流程如图8.12所示。

8.2.4　维修方案优化模型

通过分析图8.3和图8.4可知,维修方案的制定及其优化复杂性强,不仅取决于飞机自身的性能和特点,而且需要综合考虑航空公司飞机运营方式、生产方式及其他资源等因素。立足于充分利用飞机资源、维修人力资源和设备资源,确定最优维修间隔周期,降低航材库存量,从以下几个角度制定和优化维修方案。

1)最小化飞机非服务时间,建立最优服务率MM模型

要想最小化飞机的地面维修时间,需要一个完善的高标准的飞机维修体系。从维修方案的角度看,影响飞机利用率和可用率的主要因素是维修项目间隔和工

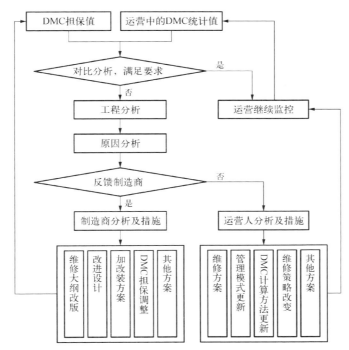

图 8.12　DMC 分析与对比流程

作包的大小和周期。

　　设单位时间发生故障的飞机数,即平均到达率为已知常数 λ,每架故障飞机单位时间的损失费为 c_1,当平均服务率 $\mu=1$ 时(即单位时间平均修理一架飞机)单位时间的修理费为 c_2,优化问题的目标函数为单位时间损失费与修理费之和的期望值,作为 μ 的函数有

$$C(\mu)=c_1 L(\mu)+c_2\mu \qquad (8-20)$$

其中,$L(\mu)$ 为平均队长,即排队待修(包括正在修理)的飞机数。

　　根据排队论的平均队长公式:

$$L=\frac{\rho}{1-\rho}=\frac{\lambda}{\mu-\lambda} \qquad (8-21)$$

将式(8-21)代入式(8-20),并根据 $\dfrac{\mathrm{d}C}{\mathrm{d}\mu}=0$ 可得出最优服务率应为

$$\mu^{*}=\lambda\pm\sqrt{\frac{\lambda c_1}{c_2}} \qquad (8-22)$$

显然 μ^* 随着发生故障飞机数 λ 和损失费 c_1 的增加而增加,随着修理费 c_2 的增加而减少。

机队规划应按照一定的原则和方法,对规划期内机队的结构与数量做成动态安排,以达到最优服务率。

2) 优化维修人力资源及其工作量,建立最优维修人数 MM 模型

随着机队的增加和航线网络的扩展,航空公司的维修人力资源缺乏矛盾已突显出来。从维修方案的角度看,维修项目的工时是提高维修人员利用率和工作效率的重要应用参数。有了较为精确的理论工时就可计算出完成一个工作包所需的总工时,从而得出所需的工作人数和工作时间,既可控制维修人员的劳动量,也可作为人力资源配置的主要依据。

设 λ 和 c_1 的意义同上,每个维修人员的平均服务率 μ 相同且为已知常数,单位时间每个维修人员的服务成本(即一个维修人员及设备的费用)为 c_3,目标函数仍为单位时间总费用的期望值,但它是维修人数 s 的函数,即

$$C(s) = c_1 L(s) + c_3 s \qquad (8-23)$$

其中,$L(s)$ 是平均队长,根据排队论的平均队长公式:

$$L_s = s p + \frac{(s p)^s \rho}{s!\ (1-\rho)^2} p_0 \qquad (8-24)$$

其中,$\rho = \lambda / s \mu$;p_0 为所有服务员空闲的概率

$$p_0 = \left[\sum_{k=0}^{s=1} \frac{(s p)^k}{k!} + \frac{(s p)^s}{s!\ (1-\rho)} \right]^{-1} \qquad (8-25)$$

因为 s 只能取整数值,所以不能用微分法计算 $C(s)$ 的最小值,利用边际分析法计算并化简后得到,当已知数 $\dfrac{c_3}{c_1}$ 满足

$$\Delta L(s) \leqslant \frac{c_3}{c_1} \leqslant \Delta L(s-1) \qquad (8-26)$$

时,即可确定最优值 $s^* = s$。

维修单位应合理安排维修人员的工作时间;应当根据维修项目,建立维修工时管理制度。中国民航咨询通告 AC-145-14《维修工时管理》对航空器维修单位如何建立科学的维修工时管理制度并对维修人力资源的评估提出了要求。充分利用人力资源并统筹规划,以避免人力资源的浪费。

3) 最大化工具设备及机库的利用率,建立有限待修飞机的 MM 模型

维修人员的能力和所具备的工具设备直接反映了维修单位的维修能力,而工

具设备和维修机库是一项巨大的成本。在维修方案中的各类级别不同的维修工作所需的工具设备是不同的,在满足飞机维修需求的情况下,还要尽可能地最大化工具设备及机库的利用率。

设共有 m 架飞机,一名维修人员,飞机发生故障、排队修理完毕后,退回原处,仍可能发生故障,重新定义为单位时间每架飞机到达服务系统效率的概率,即每架飞机的故障率为 λ。 $p_n(t)$ 表示车间里有 n 架飞机的概率, $p_n(t)$ 应满足

$$
\begin{cases}
\dfrac{\mathrm{d}p_n(t)}{\mathrm{d}t} = \lambda(m-n+1)p_{n-1}(t) + \mu p_{n+1}(t) - [\lambda(m-n)+\mu]p_n(t), \\
\qquad n = 1, 2, \cdots, m-1 \\
\dfrac{\mathrm{d}p_0(t)}{\mathrm{d}t} = \mu p_1(t) - \lambda m p_0(t) \\
\dfrac{\mathrm{d}p_m(t)}{\mathrm{d}t} = \mu p_{m-1}(t) - \mu p_m(t)
\end{cases}
$$

$$(8-27)$$

最终得到平均队长和平均等待时间为

$$
L^{(m)} = m - \frac{1-\rho_0}{\rho}
$$

$$
W^{(m)} = \frac{L^{(m)}}{\mu(1-\rho_0)}
$$

$$(8-28)$$

在待修飞机有限的情况下,建立模型获得平均等待时间从而确定设备数量是否合理。同时要加强设备管理。正确地操作使用设备,精心地维护保养设备,严格地进行设备运行状态监测,按计划进行设备修理,使设备经常处于良好的技术状态,才能保证生产过程的连续性,保证生产的正常秩序。如果放松了设备管理,保养不及时,排除不及时,修理不及时,设备时好时坏,则正常的生产得不到保证。设备的效益管理包含两个基本内容:一是生命周期费用;二是综合效率。因此提高设备管理效益有两个基本途径:一是追求设备的生命周期费用最经济;二是提高设备的综合效率。这是设备经营管理的目标,也是开展设备综合经营管理的基本任务。

利用以上结果可以对某个车间的飞机维修状况作出评价,例如,有 5 架飞机,每架飞机的连续运转时间服从指数分布,平均为 60 分钟,有 1 个维修工人,每次修理时间服从指数分布,平均为 15 分钟。即 $m=5, \lambda=1/60, \mu=1/15, \rho=\lambda/\mu=0.25$,得出:维修工人空闲的概率 $P_0=0.2$;全部飞机待修(其中一架正在修理)的概率 $P_5=0.23$;待修及正在修理的平均架数 $L^{(5)}=1.8$;每架飞机的平均停止运转

时间 $W^{(5)} = 23.9$ 分钟。

从上述举例中可以看出,机器停产时间过长,维修工人空闲时间太短,应该设法提高修理的速度或增加维修工。

4) 以可靠性数据收集分析为基础,建立最优维修间隔模型

针对航线工作中常出现的故障,以 ATA 章节划分,统计故障频率,分析故障特点等。计算出 MTBUR,然后与零部件厂家提供的 MTBR 进行比较,当 MTBUR 大于 MTBR 某个设定值后,采取纠正措施,如决定是否调整该零部件的维修工作间隔或增加维护要求使部件恢复到其固有可靠性水平。通过这种方式来优化维修方案,减少非计划性的零部件更换。对于飞机的其他系统性能分析方法类同,对定检也采用类似方法。面对产生经济性影响的附件,必须以维修成本最低为优化目标,建立优化模型,确定最优维修间隔。

假设预防性维修的平均费用为 C_p,故障后修复的平均费用为 C_c,故障间隔时间为 TBF,每次维修后附件的可靠性水平完全相同,则在预防性维修间隔周期 T 内,进行预防性维修的概率为 $R(T)$,进行故障后修复性维修的概率为 $1-R(T)$,因此预防性维修间隔期内单位费用为 $C_p R(T) + C_c[1-R(T)]$。预防性维修间隔期内单位时间费用为目标函数的模型如下:

$$\min \quad C(T) = \frac{C_p R(T) + C_c[1-R(T)]}{T} \qquad (8-29)$$

$$\text{s. t.} \quad T < \text{TBF} \qquad (8-30)$$

当 $C(T)$ 最小时,求得 T 即为预防性维修的最优间隔周期,T 必须小于故障间隔期,否则表明不需要进行预防性维修。

以下是某航空公司 2005～2008 年,ACM 从装机到由于内部叶片断裂而拆换之间的工作时间:$t(1) = 8\,475$,$t(2) = 9\,270$,$t(3) = 20\,460$,$t(4) = 19\,837$,$t(5) = 21\,573$,$t(6) = 15\,440$,$t(7) = 6\,979$,$t(8) = 7\,238$,$t(9) = 7\,381$。

假设 ACM 故障间隔时间服从韦布尔分布,进行参数估计求得韦布尔参数分别为 $m = 2$,$\eta = 14\,720$,并能通过假设检验,得到 ACM 的可靠度函数为

$$R(t) = \exp\left[\left(\frac{t}{14\,720}\right)^2\right] \qquad (8-31)$$

由此可知,当 ACM 可靠度为时,故障间隔时间为 31\,589 飞行小时。将 14\,720 和 31\,589 代入模型可知,当单次故障后更换的平均费用大于 6 次定时更换费用时,能够节约维修成本。

5) 加强航材管理,建立最低航材库存模型

航材管理[51]的成本主要是由财务成本、人事劳资、办公费用三方面组成。按

照航空公司维修能力和服务政策,认真分析研究,制定备件库存和修理政策,科学规划发动机和高价周转件的采购数量和时机,这些措施对公司运营成本影响很大,应严格首批订货,实施按需订货,减少 AOG(飞机停场)订货。应重点抓好周转量大、价值高的器材的修理;严格送修程序,缩短修理时间,可采用集中送修等方法,并加强索赔管理;利用"共同仓库"或寄售仓库提供的备件共享和租赁服务,减少航空公司备件储备和 AOG 订货,是降低备件成本的重要途径。

以轮胎库存为例分析库存量的优化目标。设飞机轮胎库存量分布为正态分布,轮胎不足造成的损失 L 为

$$L = G_2 \sum_{k=1}^{5} \frac{k}{\sqrt{2\pi}\sigma} e^{-\frac{(k+N_0)^2}{2\sigma^2}} \qquad (8-32)$$

其中,N_0 为平均库存量;σ 为库存量均方差;G_2 为由一只轮胎库存不足而造成延误的损失;k 为轮胎数序号,轮胎供应不上是小概率事件,实际库存不会出现超过 5个轮胎供应不上的极端情况。

8.2.5 其他维修方案优化建议

1)正确选择服务通告建议的维修和改装

对于适航指令(AD)要求的维修和改装,必须认真执行[52],对于服务通告(SB)要求的维修和改装应认真评估。以最低的总费用实现安全性和可靠性目标,是评估服务通告、正确选择相关的维修和改装的基本原则,不能仅仅根据制造方推荐确定是否执行 SB 要求的改装;另外,评估服务通告不能仅仅是少数主管工程师的事,从事维修检查的人员也需要了解有关要求,并在维修实践中进一步验证评估结论。

2)维修工程管理需要增加成本要素

航空公司维修方案是维修成本发生的基本源头,是决定维修成本的主要因素,制定客户化维修方案在保证飞机持续适航的同时,应将减少维修所需成本和降低维修停场时间作为维修工程的重要任务;应通过实施可靠性管理,不断优化维修方案,以最低费用保持飞机的安全性和可靠性;在维修实施过程中,要科学地进行维修成本分析,把握维修成本的影响因素和影响程度,要评估成本项目的合理性,找出维修成本的薄弱环节,采取措施,对成本进行反馈和控制;成本控制的关键是分析重大维修项目成本计划的执行情况,特别应关注完成深度维修或 D 检的维修成本。

3)建立维修成本管理的各种制度

不同公司对维修成本的计算和分类方法不完全相同,因此统计结果差异较大,应该进行深入研究和比较,建立一套符合市场经济规律的成本管理制度和规范,以便航空公司根据实际情况选择符合自己需要的管理方法。

第 9 章　民用飞机 DMC 优化与改进

■
■
■
■

9.1　DMC 优化概论

　　DMC 优化和改进贯穿产品的全生命周期,DMC 优化通常是在满足 DMC 设计目标要求基础上,针对产品设计及维修进行主动优化,而 DMC 改进则是针对产品及维修缺陷的被动改进。两者在目的上是一致的,均是从设计源头及维修实际出发降低维修花费,以最低的维修投入,满足客户运行可靠性、维修性要求,不断权衡优化,最终满足客户及市场需求,进而提高产品竞争力。

　　DMC 优化与产品的可靠性、维修性、测试性息息相关,在研制阶段 DMC 优化就是以 DMC 指标为约束条件的产品可靠性、维修性及测试性设计参数优化。在运营阶段,随着新技术的引入,维修数据及 DMC 监控数据的积累,通过对产品设计、维修程序、维修方案及维修资源进行持续优化,以最低的维修花费保障产品的运营可靠性、维修性及经济性,持续提高产品市场竞争力。

　　DMC 改进是以维修任务为中心展开的。在研制阶段,通过维修工程分析方法,对每条维修任务进行分析,发现产品设计及维修缺陷,将产品设计缺陷反馈给设计部门,并针对维修程序、维修间隔、维修资源等产品支援体系相关方面进行改进,反复迭代,减少产品设计及维修方面的"胎生"问题,保证产品以较低的 DMC 投入运营。在运营阶段,结合产品的实际运营情况,基于维修数据和 DMC 监控数据,结合客户在产品使用和维修方面的反馈,不断改进产品设计及维修缺陷,以保证产品运营维修经济性。

　　DMC 优化和 DMC 改进在本质上是一致的,均是对飞机固有属性的优化,目的均是改善和维持飞机的固有经济性,故本章将 DMC 的优化与改进统称为 DMC 优化。DMC 优化在执行阶段上隶属于 DMC 的控制与监控环节,其过程贯穿飞机全生命周期,DMC 优化过程见图 9.1。

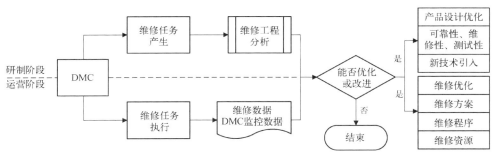

图 9.1　DMC 优化过程

在产品研制阶段,通过对 DMC 预计和分配值不断进行比较,更改产品设计使 DMC 不断降低,当 DMC 满足目标值时,并不意味着 DMC 优化的结束,反而是 DMC 优化的起点,因为 DMC 优化的目的是满足客户要求而不是单纯符合设计指标,随着航空产业发展及新技术不断引入,航空领域市场竞争日趋激烈,各国主航空制造商不断优化产品设计,提高维修经济性以满足客户及市场的需要。

产品运营阶段是 DMC 优化的主要执行阶段,在产品使用过程中会暴露出各种维修问题,随着客户的问题反馈增多,主制造商需要不断优化产品设计,以满足客户运营需求。产品退役结束运营并不意味着 DMC 优化工作的终止,反而是一个新的起点,随着新材料、新工艺、新技术的引入,飞机设计理念不断更新,产品设计更改已经不能满足客户更高效的运营性要求和更低的维护费用要求,需要进行产品全面升级即产品改型,将 DMC 优化工作延续至下一代机型的研制和改进中。

DMC 优化工作是一项系统性工程,需要从人理-物理-事理角度出发,立足产品的自身的设计优化,还要考虑产品运营环境、维修策略及理念、维修方案、技术出版物及工具设备等保障要素。

在 DMC 优化实现过程中,要从全面考虑 DMC 优化所带来的影响,维修经济性只是飞机设计的一个约束条件,在满足 DMC 需求时,要综合权衡各项飞机设计指标(载客量、发动机推力、噪声与污染、可靠性安全性维修性等方面)全面优化产品设计,需要综合权衡,不能以牺牲某一项设计指标为代价获取维修经济性。

综上所述,DMC 优化与改进在执行阶段上贯穿全生命周期,在范围上涵盖全部 DMC 影响因素,在实现过程中以维修任务为中心。在后续论述中,DMC 优化以维修任务为中心展开,并立足全生命、全系统、全费用的观点进行分析讨论。

9.2 DMC 优化与产品设计

9.2.1 概述

为了更好地理解如何进行 DMC 的优化,需要首先明确 DMC 与产品设计间的关系。产品设计决定了飞机可靠性、维修性、安全性、测试性及经济性等固有属性,设计是 DMC 优化的核心基础,但任何产品设计并不是完美无缺的,总会伴有各种"胎生"问题,例如,维修对象难于接近,导致维修操作困难且维修时间长,可靠性低导致的维修任务频次过高,故障难以探测,或探测虚警率较高等问题,都是产品设计所固有的"胎生"问题。那么,如何避免此类问题呢?

在产品研制阶段之初,充分吸收以往机型及竞争机型的经验数据,在市场调研基础上确定合理的 DMC 目标值,以确保飞机投入运营后的市场竞争力;在研制过程中,通过采用先进的材料、设计理念,改善工艺水平及新技术应用,不断提高产品的固有经济性;在产品运营阶段,结合客户问题反馈,通过产品设计更改和维修方案优化来降低 DMC,提高客户服务品质。并在后续的机型研制中,充分借鉴以往经验,不断提升并优化产品维修经济性。可见,DMC 优化不是一蹴而就的工作,而是长期持续的过程,是航空产业市场竞争日益激烈导致的必然结果。产品市场竞争因素见图 9.2。由图 9.2 可知,各项飞机设计指标间相互联系又相互制约,产品设计就是以各项设计指标(市场竞争因素)为约束条件,不断迭代权衡优化的过程。

9.2.2 DMC 优化与"五性"

可靠性、维修性、安全性、测试性、环境适应性是反映产品设计的固有属性,与 DMC 关系密切,如表 9.1 所示。

表 9.1 "五性"设计与 DMC 影响关系

类别	设计原则	描　　　　述	影 响 关 系
可靠性	简化设计	减少零部件、元器件的品种规模和数量,把产品复杂程度减到最低程度	有助于减少维修活动,从而降低 DMC
	余度设计	对安全性、任务可靠性要求高的系统、设备,为满足安全性和任务可靠性要求,通过采用余度技术	有助于提高飞机运营安全,通常余度设计会提高 DMC
	环境防护设计	根据系统、设备、成品件及结构件等的使用环境条件,在此基础上慎重地选择设计方案和材料,以减少或消除环境对它们的有害影响来提高产品可靠性	有助于减少维修任务频次,从而降低 DMC

续　表

类别	设计原则	描　述	影　响　关　系
维修性	可达性设计	可达性是指维修产品时,维修人员进行目视、维修操作允许进入维修部位的难易程度的设计特性	可达性好坏直接影响维修的难易程度和接近时间,对 DMC 有直接影响
	维修通道设计	维修通道是指维修人员维修产品时进行观察、检查、调整等工作时,肢体及维修工具所能进出的开口和通路,如检查口、观察窗、测量口、进出口、加注口等	维修通道好坏直接影响维修的难易程度和接近时间,对 DMC 有直接影响
	标准化设计	装备维修性标准化设计的对象是产品,包括装备的硬件和软件。系统硬件、软件尽量实施标准化、统一化设计	标准化可使维修简便,从而减少维修时间,降低对维修人员技能和保障资源的要求,对 DMC 有直接影响
	互换性设计	互换性是指不同时间、不同地点制造出来的产品,在装配、使用、维修时不必经过修整就能任意的替换。互换有两种含义,功能互换和物理互换	互换性有助于减轻航材储备压力,对 DMC 有间接影响
	模块化设计	模块化设计是指在设计过程中尽量采用模块来构成系统和设备。其目的是便于设计、安装、供应和维修	模块是否可修,修理和报废价格会直接影响 DMC
	标记设计	为了便于使用及维修并减少维修差错的发生,在需要操作人员或维修人员确定、理解、遵循操作规程的地方,应给出识别标记	使维修活动简单,对 DMC 间接影响
	防差错设计	防止维修差错,主要是从设计上采取措施,以保证维修作业做到"错不了""不会错""不怕错"	减少维修人员判断时间,实现快速准确维修。对 DMC 有间接影响
安全性	安全性设计	通常采用余度设计和防差错设计来满足安全性要求,确保妨碍飞机持续安全飞行和着陆的任何单一故障或故障组合极不可能发生	余度设计会影响产品构型,对 DMC 有直接影响
测试性	测试性设计	原本属于维修性一部分,产品能及时并准确地确定其状态(可工作、不可工作或性能下降),并隔离其内部故障的一种特性 测试性设计目的是确保产品达到规定的测试性要求、提高产品的可用性及狭义可信性,减少对维修人力和保障的要求,降低维修成本	测试性参数,虚警率、测试时间直接影响维修人工时,对 DMC 有直接影响
环境适应性	环境适应性设计	环境是影响可靠性的重要因素,由于环境应力的作用,会使产品产生永久性或功能故障。因此,在方案阶段就应慎重地选择设计方案、材料和元器件,这是保证产品可靠性的重要途径。主要防护对象有高温、低温、湿度、高压、低压、盐雾、真菌、冲击、噪声、静电	环境适应性直接影响产品可靠性,故对 DMC 有直接影响

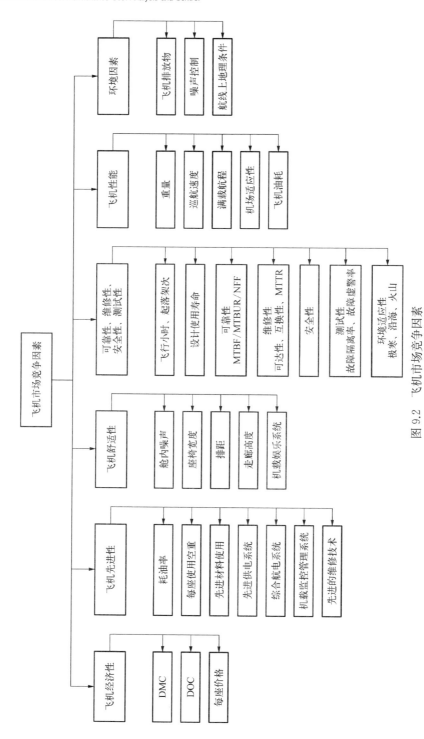

图 9.2　飞机市场竞争因素

9.2.3 DMC 优化与先进技术

飞机先进技术主要体现在材料、系统集成、先进维修技术、发动机技术等方面。在结构选材方面以波音 787 飞机为例,复合材料的应用使减重达 50%,维修成本可节约 30%,飞机舒适性也有很大提高。表 9.2 给出波音各机型结构材料百分比对照表。

表 9.2　波音飞机结构材料重量百分比　　　　　　　　　单位：%

机　　型	铝	钢	钛	复合材料
波音 747	81	13	4	1
波音 757	78	12	6	3
波音 767	80	14	2	3
波音 777	70	10	7	10
波音 787	20	10	15	50

在系统集成方面,航电系统是飞机制造业的明珠,如通用电气公司为波音 787 研发的综合模块化电子系统(integrated modular avionics,IMA)平台及泰勒斯公司为 A380 研发的 IMA 代表了当今世界大型民用飞机航空电子技术的先进水平和发展趋势。采用综合模块化系统集成提升了资源共享与信息融合。在飞行管理、数据传输及图像增强处理等方面提高了安全性设计水平。在维修方面,集成中央维护计算机与状态监控及健康管理系统的应用,提升了飞机安全性、保障性,配合空地数据链可在飞机落地前进行维修准备,大幅提高飞机运行可靠性,缩短维修时间。飞机健康管理系统是基于空地数据链通信的实时监测和运行数据分析系统,通过将飞机实时运行数据与健康诊断模型进行分析对比,从而有效提高机队运行效率和安全品质。飞机健康管理系统就像是飞机的"健康检测仪",实时地获知每一架飞机的"健康状况",可以提前获知飞机的某些"生理指标"是否处于"亚健康状态",有目的地采取预防性手段将其恢复至"健康水平"。

在维修技术方面,工业 4.0 时代、智造时代已经拉开序幕,飞机维修行业的"智修时代"正逐步来临,将智能化技术引入飞机维修领域而形成的飞机智修概念,将重新优化现有的维修模式,降低成本,提高安全与效率。例如,法荷航维修工程公司利用三维扫描仪在波音 777 飞机超过 120 m^2 的机体上进行机体损伤检查。扫描仪可获得的三维图像传输至维修人员的便携式电脑,并以损伤报告形式发送给工程师。相比于人工检查每平方米机体区域需要 4~5 小时,三维扫描仪需 30 分钟,由此可大大提高可靠性、准确性并降低维修成本。

其他智修技术,如无线射频应用于部附件周转管理,航材、工具管理,附件维修检验等专业;增强现实技术也可应用在维修工作、管理及培训方面;无损探伤技术使用可在飞机原位进行结构损伤探测,不必进行部件拆卸以获取通路,大大缩短了维修时间,是降低 DMC 的有效手段。

在其他方面,如"多电"飞机、先进发动机等新技术的引入,是不断优化飞机设计的基础,也是实现 DMC 优化及提高运营经济性的有效途径。

9.2.4 DMC 优化与舒适性

飞机舒适性是旅客个体的体验,既受客观的设计因素影响,也和个人主观感受相关。通常客舱舒适性分三个方面评价:首先是客舱空间设计,如客舱是否宽敞,行李存放是否方便等;其次是客舱环境,如是不是闷热,噪声大不大,有无异味等;还有就是心理上的感受。表 9.3 给出了改善飞机客舱舒适性的成功案例。

表9.3 飞机客舱舒适性应用

舒适性设计	描　　述	应 用 机 型
座椅布置	座椅宽度:空客将 18 英寸作为座椅的最低标准,而波音 737、787 座椅宽度为 17.2 英寸,采用双通道设计	空客系列飞机,A330、A340、A350
天空内饰	利用发光二极管照明系统,通过不同时段及不同情况下的照明变化,带给乘客梦幻般的感受	波音 787/747-8、空客 A350 A330、波音 777 选装
变色舷窗	窗口亮度可调节,控制局部小环境	波音 787
舱内噪声	发动机采用消声短舱,飞机身壁板隔声设计,客舱座椅和地毯吸收声音;主动降噪技术	波音 787、空客 380
空气净化	传统客舱采用循环空气与外部新鲜空气混合,而波音 787 飞机空调系统通过飞机腹部的通道吸入外部空气,在通过电动压机压缩后进入热交换器和涡轮,调节空气温度和压力	波音 787
突风抑制	波音 787 通过分布在飞机四周 100 多件气压传感器、加速度计和陀螺传感器,可以检测风力和气压速度的变化,飞控系统产生并发送抑制信号到舵面,对飞机自动微调,减少阵风气流的扰动	波音 787

总体来说,飞机舒适性提高得益于发动机、气动、结构、航电、控制等技术的进步,DMC 优化不能以牺牲飞机舒适性为代价,而要通过飞机设计优化来平衡飞机舒适性和维修经济性。

9.2.5 DMC 优化与飞机性能

飞机性能与 DMC 之间关系密不可分,在前面内容中,AEA、ATA、NASA95 方法通过飞机关键性能参数与 DMC 间关系公式来预估 DMC 目标值,涉及的主要性能参数有飞机使用空量、发动机重量、马赫数。性能参数或性能要求对 DOC 关系同样密切,如重量、油耗、航程、机场跑道长度都会影响飞机的 DOC 和全生命周期成本。在 DMC 优化过程中,要充分考虑 DMC 优化与各飞机性能指标间的关系。

重量主要包括最大起飞重量、最大着陆重量、最大零燃油重量,是飞机重要的设计指标和性能参数,直接影响机体 DMC,重量越大机体维修成本越高。同时,减重设计可提升载客能力并降低燃油消耗,从而降低运营成本增加客户收益。因此,从各个角度考虑,减重设计是各航空器制造商的重要使命。

巡航速度是指飞机所装发动机每 100 公里消耗燃油最小情况下的飞行速度。巡航速度对飞行时间影响较大,尤其是跨洋飞行时巡航速度越快,可缩短旅客飞行时间,提高市场竞争力。同时,有助于运营人提高飞机利用率。根据 ATA 给出的经验公式,增大巡航速度会导致增加 DMC,因为单位飞行循环所用的飞行时间缩短,相当于增加了维修频次。这里并不是说增加巡航速度不利于 DMC,而要从多维角度考虑性能指标对 DMC 的影响。同理,其他性能指标如满载航程、飞机油耗、机场适应性方面主要依据运营人需求及市场竞争因素进行飞机设计权衡,不能单纯地分析某一设计性能指标对 DMC 的影响。

综上所述,要明确 DMC 并不是唯一的衡量经济性好坏的指标,在 DMC 优化时要充分考虑运营及客户使用方面的影响,从全生命周期角度来考虑飞机经济性。

9.2.6　DMC 优化与环境因素

DMC 优化要充分考虑飞机的运行地理环境及环保要求。飞机运行地理环境主要包括高海拔、极寒、盐雾、高热、高温、潮湿环境,各类环境或气候条件会对飞机部件可靠性、故障模式、故障机理产生不同影响。如沿海地区空气中盐雾含量较高,对机体结构产生不利影响。高温及潮湿环境会导致电子设备可靠性降低,产生虚警。极寒天气会给飞机除冰作业带来不利影响,导致除冰作业频繁或除冰液使用量增加。因此,DMC 优化要根据运营人的环境要求及客户要求,进行客户化的优化改进是很有必要的。

随着航空事业发展和公众环保意识增强,飞机的排放污染和噪声越来越引起人们的关注。目前,国际民航组织(ICAO)航空环境保护委员会(CAEP)在加拿大蒙特利尔提出了民用飞机二氧化碳排放标准,新的标准将在 2028 年之后对所有新的商业和商务客机的二氧化碳排放量进行限制,并同时加强飞机效率。该认证标准的目的是通过鼓励飞机设计和研制过程中多采用节油新技术,提高飞行运行水平、采用可再生航空燃料、减少噪声和其他排放物。在节能减排方面,我国 2015 年3 月利用地沟油转换而来的生物航油进行商业载客,跟加注传统燃油的飞机相比减排可达 50% 以上,就技术层面而言,我国已经成为继美国、法国、芬兰之后的第四个自主生产生物航油的国家。针对噪声要求我国也出台了相关标准和法规,如GB 9660—1988《机场周围飞机早上环境标准》、CCAR‑36‑R1《航空器型号和适航合格审定噪声规定》。

面对环保的硬性要求,DMC优化不能触碰这条红线,需要在发动机设计、清洁燃料、飞机气动外形方面做出努力,以满足环保要求。

9.3 DMC优化与产品支援

9.3.1 概述

飞机市场竞争性不仅取决于产品设计的硬实力,也受限于产品支援的软实力。尤其是产品同质化时代,产品支援直接影响客户满意度,是市场竞争的重要因素。产品支援是为了实现民用飞机持续适航目标,从飞机研制一开始就综合研究产品支援诸因素,确定最佳支援要求,合理地采购产品资源,达到以最低费用为航线飞机提供所需支援的所有管理与技术活动。就DMC优化而言,各项DMC优化措施的实施和反馈都离不开产品支援体系的支持和保障。产品支援体系见图9.3。

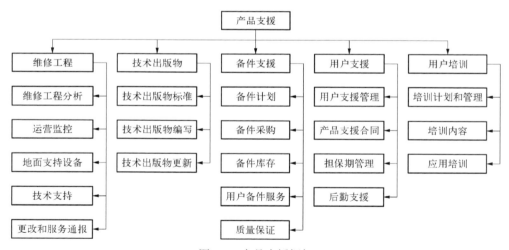

图9.3 产品支援框架

产品支援包含如下方面:
(1) 维修工程;
(2) 技术出版物;
(3) 备件支援;

（4）用户支援；

（5）用户培训。

9.3.2　DMC 优化与维修工程

作为一门独立的、综合程度极高的学科,维修工程(maintenance engineering)是产品客户服务体系搭建的基础及支柱,是连接产品设计与客户服务的主要桥梁,从另一个层面讲,也是产品整体维修方案及策略的总体设计源头。DMC 作为一种维修工程分析方法,需要搞清楚 DMC 产生的来龙去脉,即 DMC 是怎么产生的,以便系统地把握 DMC 优化的影响,图 9.4 给出了产品设计和维修工程分析间的框架关系。

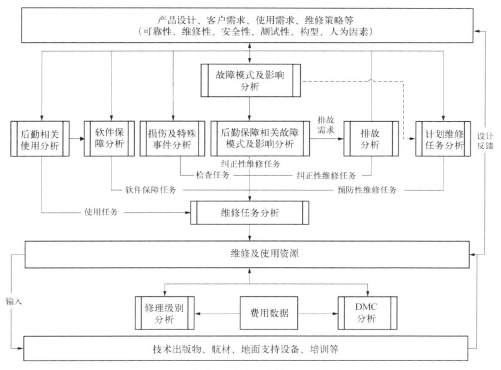

图 9.4　DMC 与产品设计和维修工程分析间的关系

由图 9.4 可知,维修工程分析技术分为任务需求分析(干什么)、功能规划分析(怎么干)、权衡优化分析(怎么干好)三个层次,DMC 分析也属于维修工程分析技术体系的一种分析技术,属于权衡优化分析范畴。

DMC 分析与控制是围绕维修任务展开的,到底哪些维修任务会产生 DMC 花费呢? 首先要明确维修任务是怎么来的,就是确定飞机在整个生命周期内"干什么"的问题,基于民用飞机产品设计数据、运行环境、使用要求、客户要求,并结合民用飞机维修策略确定确定相应的维修及使用任务。根据 S3000L,任务的驱动因素主要有故障、损伤、特殊事件、间隔限制、硬件及软件的使用要求。可通过以下分析定义维修任务:

(1) 后勤保障相关故障模式及影响分析(LSA FMEA),产生修复性维修任务;

(2) 排故分析(TSA),产生排故任务;

(3) 损伤及特殊事件分析(DSEA),特殊事件后的检查任务;

(4) 计划性维修任务分析(在民用飞机领域主要为 MSG‐3 分析及适航限制),产生计划维修任务及适航要求;

(5) 后勤相关使用任务分析(LROA),产生使用相关任务如加油、加水、废水箱勤务;

(6) 软件支援分析(SSA),产生软件加载和卸载任务。

明确了维修任务需求后,需要对维修及使用任务开展维修任务分析(MTA),确定各类任务操作步骤、所需的保障资源(工具、设备、航材、耗材)、任务时间及频次、人员技能等信息,为 DMC 的预计提供基础输入,如任务频次(F)、装机数量(Q)、材料费用(M)、人工时(H),也是 DMC 的主要构成要素,具体内容参见 DMC 预计章节。

维修工程分析体系中,优化权衡分析通过 DMC 分析和修理级别分析(LORA)实现,DMC 用于确定维修任务的 DMC,LORA 是确定部件的修理级别,两者均以经济性为约束,优化产品设计或维修资源。各类维修工程分析技术详见预计章节。可见,在产品研制阶段维修工程分析进行维修方案、保障资源规划,为用户提供初始的运营支持。

在运营阶段,维修工程进行运营数据监控和技术支援,找出运营过程中各类问题,如可靠性、维修性、计划维修任务间隔不合理等问题。与设计共同给出优化方案,并为用户提供技术支持与监控反馈服务。不断完善产品支援方案。

综上所述,维修工程分析技术是一个完整的技术体系,维修工程以客户需求为出发点,采用全系统、全生命、全费用的观点,应用科学的分析技术手段,基于产品设计数据,结合产品运营环境,从维修角度对产品进行系统分析,优化产品设计,使产品具有良好的维修特性,并为客户服务产品研制(如技术出版物、维修大纲、备件库存管理、工具设备规划、培训等)提供最优质输入,从而提高客户服务交付物输出质量,提升客户满意度。

9.3.3 DMC 优化与技术出版物

飞机技术出版物种类较多,其中最主要的是"持续适航文件"。依据中国民用航空总局颁发的 AC‐91‐03 号咨询通告"运输类飞机持续适航文件"结合 S1000D

技术出版物体系,对飞机制造公司应提供的持续适航文件及其他技术出版物分类如下:

(1) 维修要求类;

(2) 维修程序类;

(3) 构型控制类;

(4) 培训规范类;

(5) 运行程序类;

(6) 其他类。

各类技术出版物具体组成见图 9.5。

维修工程分析作为技术出版物的上游输入,提供维修程序、维修资源及操作注意事项。技术出版物给出维修操作的具体方法供用户使用,如飞机维修手册、故障隔离手册、结构修理手册、无损检测手册。在飞机运营阶段,当用户发现维修程序缺陷或维修程序过于复杂影响 DMC 时,会将问题反馈给主制造商,维修工程来主导 DMC 的优化,通过更改维修程序工艺方法或进行用户培训以降低 DMC,同时技术出版物进行升版以供用户使用。

9.3.4　DMC 优化与备件支援

备件支援可定义为:飞机公司在飞机全生命周期内为保证及时、准确地向航空公司提供飞机总体处于完好使用状态(正常运营和各种修理)所需备件及数据的支援活动[5]。备件支援的基本工作内容包括备件规划、备件数据、备件采购、备件储存及备件服务。

备件支援与产品设计和维修工程分析密不可分,备件是飞机零件的再生产,在设计过程中,要明确零件的功能、性能、故障模式、使用环境、安装部位和工作状态等。维修工程分析用于确定维修任务及维修资源,包括维修任务所需的备件、部件报废及修复间隔、部件的修理级别等。

DMC 与备件价格紧密相连,在飞机运营阶段,航空公司经常抱怨备件修理价格昂贵,部件维修级别不合适,这些都会影响 DMC 及市场竞争力。部件可靠性低是影响 DMC 及备件储备数量的重要方面,若部件平均非计划更换间隔较低,会导致维修频次增加进而导致备件储备压力增大。可见,提高产品设计固有属性是优化 DMC 及缓解备件压力的有效途径。

9.3.5　DMC 优化与用户支援

当用户的飞机发生故障或遭受损伤时,飞机主制造商及时派人对用户的飞机给予技术上的支援,帮助用户分析、处理问题,排除故障,修复飞机,使其迅速投入航线运营。

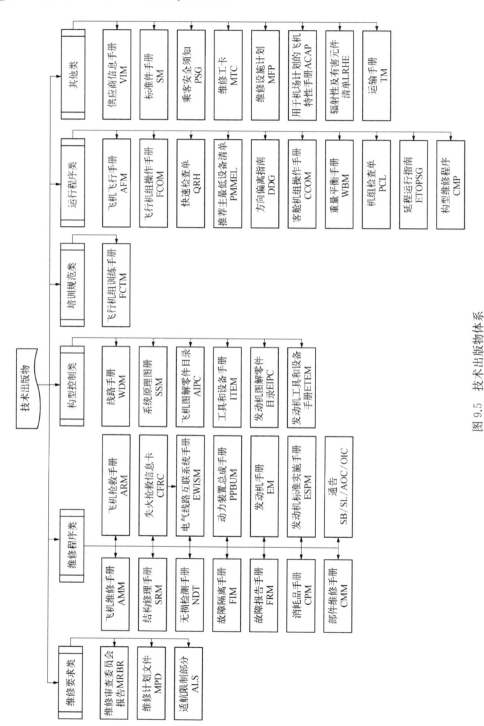

图 9.5 技术出版物体系

　　用户支援的另一个方面是监督产品支援各部门的工作进程,保证产品支援各部门及时、有效地对用户提供支援,如技术出版物、备件、培训及外场服务等,确保飞机有效运营。

　　产品运营阶段,用户支援管理是保证飞机运营、维修活动开展的有效手段,也是确保维修经济性的有力保证。

9.3.6　DMC 优化与用户培训

　　飞机公司实施用户培训,目的在于帮助用户在飞行驾驶、地面维护、航线管理、备件供应等方面尽快掌握所购飞机的使用、维护特性、以便最大限度而又安全、经济有效地发挥飞机的使用性能。

　　在产品运营阶段,用户经常抱怨维修培训不到位,导致排故时间过长,或引起部件无故障发现(no fault found,NFF)拆卸,导致较高的维修人力成本及部件送修花费。主制造商要根据用户反馈问题,联合供应商,组织有针对性的用户培训,以解决产品运营维修问题来降低客户的 DMC。

9.3.7　DMC 优化与产品支援体系

　　维修工程作为产品支援方案的源头,紧密联系设计,起到桥梁和纽带作用,技术出版物、备件、用户支援及用户培训则直接面对客户,直接为运营人提供运营保障,是客户服务水平的直接体现,产品支援作为有机整体,为客户提供优质的客服产品,保障飞机持续运营。DMC 优化的实施与反馈离不开产品支援体系支持与协作。DMC 优化与产品支援的关系见表 9.4。

表 9.4　产品支援体系与 DMC 优化关系

产品支援方面	主要工作内容	与 DMC 优化关系
维修工程	给出产品支援方案	初始 DMC 确定及维修数据监控、优化的发起者
技术出版物	给出维修程序	是 DMC 优化措施执行者,通过程序优化可降低人工时
备件支援	提供备件支援	是 DMC 优化措施执行者,通过降低备件价格实现 DMC 降低
用户支援	提供快速支援,成品合同管理	迅速解决问题,保障飞机持续运营,对 DMC 有间接影响
用户培训	维修人员培训	通过提高维修人员技能,减少排故时产生的无故障发现,或减少人工时

9.4　DMC 优化途径

9.4.1　DMC 优化过程

　　DMC 优化分为研制阶段和运营阶段两个部分,过程如图 9.6 所示。

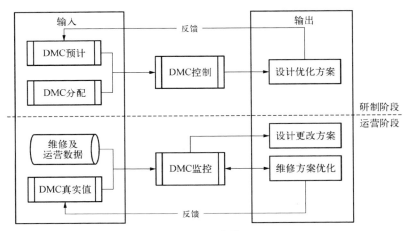

图 9.6　DMC 优化过程

在产品研制阶段,DMC 优化需要结合产品设计、权衡 DMC 预计与分配值,找出 DMC 敏感因素,给出 DMC 优化的方向,制定产品设计优化方案,并重新反馈给 DMC 预计,形成闭环控制。需要注意的是 DMC 优化与 DMC 控制间的差异,DMC 控制的目的是使 DMC 满足设计目标值,而 DMC 优化的目的是使飞机维修经济性变得更好,即使满足 DMC 目标和分配要求,只要产品有改进空间,仍需要进行 DMC 优化,这是由市场竞争的残酷性决定的。在执行阶段上,DMC 优化伴随着控制过程一道完成。在实现方法上 DMC 优化与 DMC 控制方法一致,均是以产品设计优化实现 DMC 的降低。

在产品运营阶段,DMC 优化工作才正式开始开展,在服役过程中会暴露出各种问题,如设计缺陷、维修间隔不合理、部件可靠性低等。DMC 优化基于飞机运营数据和 DMC 的监控数据,评估 DMC 实际值与 DMC 设计值间的差异,找出影响 DMC 的问题所在,通过飞机维修数据和可靠性、维修性、测试性数据分析,对设计进行更改或维修方案优化,从而降低 DMC 值。

DMC 优化以维修任务为中心,以经济性为约束条件,基于产品设计特性,结合维修工程分析,平衡可靠性、维修性、安全性等方面关系,反复迭代,不断优化产品设计。

1. 研制阶段 DMC 优化

研制阶段 DMC 的控制,需综合考虑故障隔离、接近形式、标准化、模块化、冗余、修理性、测试性等多方面内容。在产品研制过程中降低 DMC 的途径如图 9.7 所示,DMC 降低主要包含以下两类措施。

（1）减少维修。减少维修,即减少维修活动,主要可通过提升产品可靠性、减少计划维修任务频次、降低修理成本等实现。

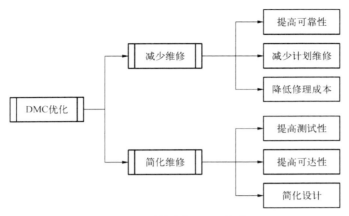

图 9.7　研制阶段 DMC 优化

（2）简化维修。简化维修，即简化维修操作，主要通过提升可测试性（提高排故效率）、提升可达性、简化设计（使用标准件、降低冗余度等）等实现。

2. 运营阶段 DMC 优化

运营阶段 DMC 的监控会反映出飞机设计方面的某些缺陷。如果是某个供应商的产品出现问题，应督促供应商立刻采取措施修改设计；如果是自行设计的产品出现问题，设计部门应立刻查找原因，提出修改方案。无论哪种情况，都要重新进行 DMC 分析工作，假如经过分析之后，成本是合理的，在技术上又是可行的，则发布设计修改信息。飞机运营之后提出的设计更改通常以适航指令、服务通告、服务信函等形式发布。

造成维修成本过高有可能是运营者维修管理方面的原因，也可能是民用飞机维修策略上的问题。如果是个别维修管理方面的原因，制造商可以帮助运营者寻找问题产生的根源并进行跟踪考察，同时提出成本改进的建议。如果是民用飞机维修策略上的问题，制造商要修改维修大纲，从而修改维修计划文件，最终使得航空公司的维修方案、维修计划产生改变。

维修大纲的修改是必然的。在制定初始维修大纲时，可用的数据资料通常只限于类似飞机以往经验、对研制设计的理解以及新机的研制试验和疲劳试验的结果。利用这些数据资料可以粗略地估算出使用生命和间隔期。在没有足够的数据资料确定故障问题时，可采取保守的"暂定答案"对策，此时所确定的维修间隔比较短。因此，制定初始维修大纲时的信息"先天不足"，很可能造成错误地估计某些产品的故障后果和维修频率，或者漏掉某些故障模式和故障影响。所以，初始预定维修大纲一般是不够完善的，需要在使用过程中不断地收集使用数据资料，及时进行动态修改。

维修大纲的修改方法一般是根据统计得来的故障数据，重新分析维修项目的功能、功能故障、故障影响和故障原因,由新的故障率曲线确定合理的维修工作以及维修间隔。经过运营监控系统的运行,系统、分系统或者部附件的故障规律可以统计和分析得更为精确,一些编制维修大纲之前没有的数据也会得到补充,这样,以前制定的"暂定答案"可以得到修正,错误决策也可以得到纠正。维修大纲的优化方法不在本书的讨论范围,此处不再赘述。维修间隔发生变化后,DMC 也会随之改变,需要在运营阶段持续跟踪及监控 DMC,并实现闭环控制,保障客户运营维修的经济性。

综上所述,在运营阶段,飞机 DMC 优化围绕设计更改和维修方案优化展开,为飞机营运人提供维修计划控制,为创造更佳的经济效益作出直接贡献。

9.4.2 DMC 优化途径

无论产品研制阶段还是运营阶段,DMC 优化均是以维修任务为中心展开,基于 DMC 控制和监控数据,围绕 DMC 构成要素(F/Q/M/H),找出关键问题并给出对应的解决方案。图 9.8 所示为 DMC 影响因素及优化途径关系,从人理-事理-物理角度,可以将 DMC 优化简单归纳为"一个中心,四个要素,五种途径"。所谓"一个中心"是指以维修任务为 DMC 优化中心,"四个要素"指任务频次 F,飞机构型 Q

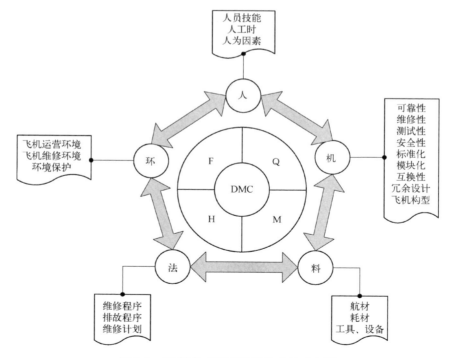

图 9.8 DMC 构成要素及优化途径示意图

（维修任务对象的个数），任务材料费用 M，执行任务人工时 H。"五种途径"包含人、机、料、法、环五个方面，"人"主要指人员技能水平、人素工程方面；"机"包含飞机所有的设计特性，如可靠性、维修性、测试性、构型信息等；"料"是指飞机维修所需物料，通常指航材、耗材、工具设备等；"法"是指维修执行程序和维修计划；"环"是指飞机运行环境和维修环境。

所有的 DMC 均是在维修活动中产生的，故 DMC 的优化可从维修任务着手。无论产品研制阶段还是运营阶段，当发现某一系统或部件的 DMC 超过限制时，首先找出是什么维修任务引起 DMC 偏高，是计划的维修任务还是非计划的维修任务，是机上原位任务还是机下离位任务。其次，明确构成维修任务 DMC 的"四个要素"，如任务频次是否合适、部件冗余设计是否合理、执行任务的人工时是否偏高、部件虚警率能否降低等问题。最后，找出影响 DMC 的关键要素，通过人、机、料、法、环"五种途径"来降低维修成本，五种途径是一个有机的整体，涵盖了影响 DMC 的各方面因素，那么，如何将影响 DMC"四个要素"和 DMC 降低的"五种途径"联系起来是解决 DMC 优化的关键。本章给出一种 DMC 构成要素与降低途径关系表，见表 9.5。

表 9.5　DMC 影响关系表

DMC 构成要素与降低途径关系矩阵				
五种途径	四 个 要 素			
	F	Q	M	H
人				√
机	√	√	√	√
料			√	√
法	√			√
环	√		√	√

任务频次 F 受以下因素影响：

（1）机，任务频次受限于飞机的可靠性水平、测试性水平，如部件 MTBF，虚警率会影响修复性维修任务频次；

（2）法，任务频次受到维修方案影响，如维修任务间隔影响计划维修任务频次；

（3）环，任务频次受飞机运行环境及飞机利用率影响，如在沿海地区飞机结构容易遭受腐蚀影响，导致检查间隔缩短，导致维修费用增加。同样，飞机利用率越高，导致单位飞行小时的维修费用越低。

装机数量 Q 由飞机设计决定，如采用简化设计，降低部件的冗余度，能够有效降低 DMC。由于飞机设计受各方面的制约，降低冗余会影响产品安全性，故通常不进行该方面优化。

材料花费 M 受以下因素影响：

（1）机，在飞机全生命周期内，飞机维修耗材花费也是可观的，因此在设计时采用免勤务（如免润滑）设计是降低耗材成本和人力成本的一种方式；

（2）料，主要包括航材、耗材花费，其中部件的采购价格、车间修理成本对 DMC 影响较大；

（3）环，飞机运行环境除了会影响任务频次，也会影响耗材的使用量，如在寒冷气候地区，针对一次除冰作业所需的除冰液通常要多于其他地区。

任务人工时 H 通常受以下因素影响：

（1）人，维修人员技能水平会影响任务人工时；

（2）机，飞机维修性、测试性水平会影响任务人工时，如可达性、故障探测能力和隔离能力、标准化、模块化设计均会影响维修人工时；

（3）料，此处的"料"指工具、设备/设施等因素，如维修专用工具的使用，可大幅缩减维修人工时；

（4）法，指维修程序或排故程等操作方法，通过简化维修程序或提高排故效率是降低 DMC 的有效途径；

（5）环，此处的"环"主要指维修环境。显然，当维修人员在炎热的机坪和凉爽的机库中工作时，工作的效率是不同的，因此在完善的维修环境开展维修工作，可降低人员劳动强度和人工时。

9.5 DMC 优化方法

9.5.1 DMC 优化流程

根据 DMC 优化途径，本书给出一种 DMC 优化方法，以逻辑演绎方式，从 DMC 优化需求开始逐级判断，找出 DMC 优化对象和影响 DMC 的关键因素并给出解决措施，最后针对适用且有效的解决措施进行监控并反馈。DMC 优化流程（图 9.9）分为以下步骤：

（1）确定 DMC 优化对象；

（2）确定 DMC 优化措施；

（3）适用性有效性判断；

（4）解决措施实施与反馈。

1. DMC 优化对象

在产品研制阶段，DMC 优化需求来自设计，如何通过 DMC 预计结果找出需要优化的维修任务是 DMC 优化的前提，通常将某一层级（工作包、系统、子系统）

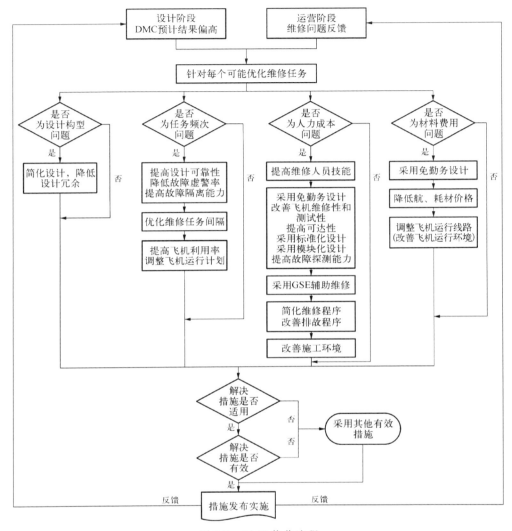

图 9.9　DMC 优化流程

中对 DMC 值贡献较大、维修间隔短、人工时高的任务作为优化对象,最终影响产品设计。

在确定优化对象时,不能简单地认为维修间隔短或维修人工时长的项目为优化对象。例如,备用电力控制单元检查任务,其任务间隔为 5 天,DMC 预计结果为 0.067 美元/飞行小时,在整个系统中所占比重较低,从预计值上考虑,并不能确定该任务是否为 DMC 优化对象。要综合考虑 DMC 预计过程中各参数对 DMC 的影响来确定 DMC 优化对象,下面给出一种确定 DMC 优化对象的方法。

依据本书内容可知,DMC 受任务间隔、人工时及人工时费率、航材价格、飞机构型的影响。由于人工时费率受国家地区及市场因素影响,故定义为通用值(60 美元/小时),在不改变飞机设计的情况下,无需考虑航材及构型影响。DMC 与任务间隔及人工时间的关系如图 9.10 所示。

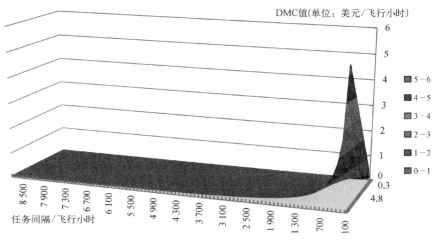

图 9.10　维修人工时及任务间隔对 DMC 的影响(后附彩图)

图 9.10 给出的 DMC 影响关系显示,在人工时费率(60 美元/小时)不变且材料费用为 0(针对特定任务,其材料花费为常数,故假设材料费为 0 对 DMC 变化规律无影响)的情况下,DMC 变化规律如下:

(1) 随着任务间隔的增加,该模型 DMC 与任务间隔呈反相关,DMC 先快速降低,之后趋于平缓;

(2) 随着人工时增加,该模型 DMC 呈线性增加,DMC 随人工时增加而线性提升;

(3) 随着任务间隔的加大,整个图形趋于平缓,扩大任务间隔对 DMC 影响不大。

根据图 9.10 所示的变化规律,在三维空间中,对于特定部件或任务 DMC 受维修任务间隔和维修人工时双重影响,当任务间隔越短,人工时越高时,在图形上类似于无形的手掀起"地毯"的一角,在 DMC 控制过程中,要着重注意该类的计划维修任务。

在具体实施过程中,可在 Z 轴设定 DMC 阈值(根据实际情况而定),并向 $X-Y$ 平面投影,落在底部投影区域的任务即为潜在的 DMC 优化对象。

在产品运营阶段,通过 DMC 的监控或运营问题反馈可直接获得 DMC 优化对象。表 9.6 给出了常见的 DMC 问题,用于帮助理解运营阶段如何确定 DMC 优化对象。

表 9.6　DMC 运营问题反馈

ATA	问　　题	备　　注
05	运营人不满于风挡和机翼前缘清洁任务定义计划维修任务,请求重新删除该类任务,或者至少缩减任务间隔	计划维修任务定义不合理
21	空气循环机制冷效果不好和/或拆卸清洁任务间隔较低,建议提高可靠性和/或延长任务间隔	部件可靠性低,维修间隔不合理
21	浮子阀(flotation valve)铰链组件(键号:××)费用较高,建议降低价格或重新确定修理间隔	部件价格过高
21	送气风扇(gasper fan)送修价格昂贵	修理价格过高
21	运营人要求将空气循环机排放孔直径扩大(从 0.066 英寸至 0.094 英寸),来提高空气循环机性能	设计更改
22	俯仰配平开关卡阻故障不可修,运营人建议将开关清洁任务改为润滑任务	部件维护方式不合理
24	直流发电机修复任务间隔为 1 200 小时,并且修复昂贵,导致较高的 DMC	任务间隔过低且部件修理费用过高
24	附件齿轮箱检查任务:任务间隔为 4 000 FH 或 18 个月,通常先于 C 检(4 000 FH)到达 18 个月较高的维修花费,建议将任务间隔统一为 C 检,删去日历间隔	检查间隔不合理
25	座椅轨道腐蚀问题,调查显示使用防腐剂"Av – Dec gel"可有效减少腐蚀现象	改进腐蚀防护方式
27	机翼前缘清洁任务影响 DMC,客户质疑该任务是否必要,建议评估维修计划文件中 3 天的任务间隔是否合理	任务间隔不合理
28	主燃油喷射泵报废任务间隔为 12 000 飞行循环,装机数量为 2。建议重新评估任务合理性或延长任务间隔	报废任务、任务间隔不合理
29	交流电动泵空气进入导致可靠性低,建议改进设计	部件可靠性低
30	发动机进气接头:相对于新件费用比较,修理费用太高	部件修理费用高
30	防冰探测器具有较高的 NFF 拆卸	部件无故障发现率高
32	轮胎可靠性:轮胎太轻并且泄漏率高到无法接受	部件可靠性低
33	机尾底部导航灯:水汽进入导致可靠性降低且费用高	部件可靠性低
34	较高的 NFF 率:飞行控制面板,大气数据基准面板,显示选择面板无故障发现拆卸率高	部件无故障发现率高
34	由于运营人排故技能欠缺导致××供应商的部件 NFF 率高,需要进行排故技能培训	排故技能培训
34	皮托管由于安全限制拆卸,导致 DMC 值偏高,安装程序复杂耗时	生命限制件间隔不合理,并且安装程序操作困难并且耗时
36	不可修部件(如引起温度传感器)存在较高的更换花费。建议找出代替方式来降低相关费用	部件不可修导致更换费用高
49	供应商改进 APU 启动马达清洁任务程序,节约了维修费用	通过改善维修程序,节约维修成本

续　表

ATA	问　　　　题	备　　注
49	作动器(A 型号)较低的可靠性,运营人希望使用 B 型号部件代替,以提高可靠性	替换可靠性高的部件,以节约成本
52	电子舱门门框发现裂纹	发现结构裂纹
53	水平安定面左/右侧尖端整流罩发生腐蚀并在表面扩展严重,建议评估修理间隔	修理间隔不合理
56	水汽从密封开口出进入风挡,导致发生分层失效。建议改进密封剂固化性能以便用于维修	设计更改,材料选择
57	油箱接近口盖,有两种类型锁紧螺母,导致较长的修复时间	设计不合理
ALL	各系统滤芯费用较高,建议能否逐步扩展更换间隔或延长生命	部件价格高,任务间隔不合理

注：NFF 即无故障发现

在产品运营阶段,一些设计问题、维修规划问题、维修程序问题、人员培训问题、航材价格问题、材料选用问题、工艺方法问题等方面都会暴露出来,而这些问题最终都会影响产品的 DMC。通常在运营阶段 DMC 问题集中在如下方面：

(1) 计划性维修任务定义不合理或维修间隔不合理导致较高的 DMC,这是影响 DMC 最为普遍的问题;

(2) 部件可靠性低、导致拆换频次高;

(3) 部件虚警率高,导致不必要的送修检测花费;

(4) 航材价格高,建议选用价格低的部件代替;

(5) 部件不可修,部件更换费用高且不可修;

(6) 部件维修程序不合理,导致较高的人力成本;

(7) 工艺施工方式及耗材选用不合理,导致结构容易发生腐蚀或影响飞机正常运行;

(8) 人员技能培训不到位,排故时产生无故障发现部件,导致不必要的送修检测花费。

2. DMC 优化措施

确定 DMC 优化对象后,根据 DMC 优化途径,结合 DMC 优化流程图(图 9.9),给出如下解决措施：

(1) 提高部件可靠性,降低维修任务频次;

(2) 降低故障虚警率,防止不必要的拆换,导致无故障的送修花费;

(3) 提高故障隔离能力,减少排故时间,同时降低排故技能要求;

(4) 提高飞机利用率,以降低 DMC;

(5) 调整维修任务间隔,扩展维修间隔以降低维修频次;

(6) 简化设计,在不影响系统安全情况下降低部件冗余;

（7）提高维修人员技能等级,减少维修时间和无故障发现情况;

（8）采用免勤务设计,减少使用任务的人工时及耗材花费;

（9）提高部件可达性,改善任务接近通路,降低维修时间;

（10）采用标准化设计,如润滑接头或千斤顶顶点采用标准样式,用通用工具即可进行维修操作;

（11）采用模块化设计,当发生故障时,减少不必要的拆换和送修费用;

（12）针对操作困难的维修任务,设计相应的 GSE 以降低任务难度并减少维修时间;

（13）简化维修程序或优化工艺方法,减少维修操作时间;

（14）优化排故程序,避免不必要的排故步骤,减少排故时间;

（15）改善施工环境,从人素工程角度降低维修人员劳动强度;

（16）设计选型,选用价格低的部件;

（17）设计选型,尽量选用可修件,否则部件故障只能报废,导致较高的维修成本;

（18）改善工艺方法,减少维修时间,提高运营可靠性;

（19）降低部件送修价格,减少部件送修花费以降低 DMC;

（20）选用恰当的耗材,如恰当的腐蚀防护剂能够有效缓解结构腐蚀;

（21）调整飞机的运行计划,改善飞机的运行环境,减轻沿海、高海拔、极寒气候对飞机的影响。

3. 适用性及有效性

确定 DMC 优化措施后需要对适用性和有效性进行判断,确保解决措施行之有效。本书给出适用性及有效性判断流程见图 9.11。

适用性是指 DMC 优化措施在技术层面能否实现,若不能实现则认为措施不适用。

有效性从安全性、运营性、经济性、市场竞争性几个方面判断,若 DMC 优化措施影响飞机安全、影响飞机正常运营或导致经济性、市场竞争力变差,则该措施无效。针对优化措施有效性说明如下。

（1）安全性通过是否对飞机及其成员造成不利影响来判断,如简化设计冗余,虽然能降低 DMC,但会降低飞机安全余度,故通常不建议采用。

（2）运营性通过是否会影响飞机正常运营来考量,如提高飞机利用率虽然能降低 DMC,但同时受到市场及客户本身运营计划约束。同理,调整飞机运行线路避免恶劣环境对飞机造成影响,同样受外部因素制约而难以实施。

（3）经济性需要从全费用角度出发来判断优化措施是否有效,此处全费用当整体讲,是指从飞机全生命周期维修活动及运营活动全局角度来评估维修花费,分为三个方面:① 维修任务整体角度出发来降低 DMC,而不是单个维修任务 DMC

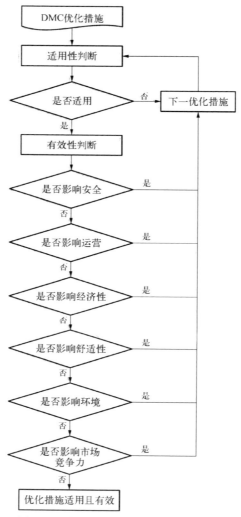

图 9.11　优化措施适用性及有效性判断

的降低。例如,某一结构计划检查任务,维修间隔从 6 年扩展至 8 年,无法与维修
间隔框架融合(同一区域其他结构检查任务均是以 6/12/18 年为检查间隔),导致
在第 8 年需要单独针对该任务进行拆除内饰以获取检查通路,无法与其他结构检
查任务进行接近时间的合并,虽然单个任务 DMC 降低了,但从该区域结构任务整
体考虑,反而导致 DMC 的增加;② 全费用角度出发不但评估维修任务本身的花
费,同时要考虑维修活动相关的所有花费,例如,增加新的地面支持设备可降低维
修人员劳动强度,节约时间,但也需要考虑运营人的实际能力,部件能否在该级别
修理;③ 维修经济性从全生命周期成本(life cycle cost,LCC)角度来考虑,例如,

DMC 优化措施导致机体重量增加导致燃油消耗增加,从而提高了飞机 DOC,单纯的优化 DMC 而忽略飞机全生命周期的整体经济性是没有意义的。

（4）是否会影响市场竞争力,有些 DMC 优化措施虽然能够降低 DMC,但会影响到飞机舒适性、降低飞机性能、增加 DOC 或导致环境污染,以牺牲其他设计指标或损害市场竞争力来满足 DMC 是不可接受的。

4. 实施与反馈

DMC 优化措施实施和反馈需要主制造商、运营人、供应商、局方多方参与(实施与反馈过程见图 9.12),主制造商作为飞机的制造方需要协调供应商、局方、和客户各方面关系,整体把控 DMC 优化过程。运营人作为飞机所有者和使用者需要协助主制造商进行维修数据和运营数据搜集工作,并将 DMC 问题反馈给主制造商。供应商需要按照主制造商或客户的要求,提供相应的技术支持或解决方案。局方作为政府机构,要保证飞机的持续适航。具体的职责分工见表 9.7。

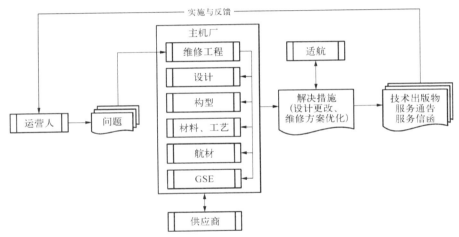

图 9.12　DMC 优化措施实施与反馈

表 9.7　DMC 优化各方职责

参　与　者		职　　责
主制造商	维修工程	DMC 优化过程控制、维修方案优化、优化方案评估与验证、维修规划等
	构型管理	控制产品设计构型,设计节点
	设计部门	给出设计更改方案
	技术出版物	根据各方要求更改维修程序
	材料、工艺	改善工艺方法
	GSE 部门	设计 GSE 设备
	航材部门	提供航材信息

参　与　者	职　责
供应商	协助主制造商进行设计更改和维修方案优化
运营人	数据搜集及问题反馈
局方	维修方案批准、确保飞行安全

9.5.2　DMC 优化样例

1. 案例一

在飞机研制阶段根据 DMC 控制结果，ATA53 章结构计划维修任务预计结果偏高（满足分配要求），见表 9.8（截取）[53]。飞机基本信息如下。

（1）人工时费率：60 美元/飞行小时。

（2）飞机利用率：2 000 飞行小时/年。

（3）飞行循环与飞行小时比 FC∶FH＝1∶2。

（4）飞机服役生命：30 年。

（5）材料费用：0。

表 9.8　DMC 优化对象确定

任务编号	任务对象	机上数量	接近时间/小时	维修人工时/小时	门槛值/（年/FC）	间隔值/（年/FC）	SSI/PSE	DMC/（美元/飞行小时）
53－40－08	一般目视检查中机身-后压力地板组件和相连接的梁-内部	1	36	1	12	4	SSI	0.185
53－40－P08	详细检查中机身-后压力地板组件和相连接的梁-内部	1	36	3	12/30 000	6/7 500	PSE	0.156
53－40－08	详细检查中机身-后压力隔板	1	1	1	6	6	SSI	0.01

注：SSI 为重要维修项目，PSE 为主结构单元

步骤一：确定优化对象，由表 9.8 可知，针对后压力地板组件和相连接的梁的检查任务 DMC 值普遍偏高，故将其作为优化对象。

步骤二：确定优化措施，依据 DMC 优化流程，分析 DMC 构成要素，主要由于任务接近时间为 36 小时造成 DMC 偏高。同时，由于 SSI 一般目视检查任务重复检查间隔为 4 年，无法与 PSE 任务进行覆盖，导致维修成本偏高，可通过如下措施降低 DMC：① 可通过更改设计提高可达性，减少任务接近时间；② 采用专用地面保障设备，减少任务时间；③ 将 SSI 一般目视检查任务重复检查间隔扩展至 6 年。

步骤三：适用性及有效性判断，依据适用性及有效性判断原则，提高可达性和扩展任务间隔适用且有效。采用专用地面保障设备价格较高，同时优化后对 DMC 降低幅度不大，故客户不建议采纳。

步骤四：实施与反馈，优化后 DMC 如表 9.9 所示。通过维修任务覆盖（见预计部分），SSI 任务和 PSE 任务进行合并，合并后 DMC 为 0.092，明显降低了 DMC。待产品运营后，持续监控 DMC 并加以反馈。

表 9.9　优化后的 DMC

任务编号	任务对象	机上数量	接近时间/小时	维修人工时/小时	门槛值/（年/FC）	间隔值/（年/FC）	SSI/PSE	DMC/（美元/飞行小时）	任务合并后的 DMC/（美元/飞行小时）
53－40－08	一般目视检查中机身-后压力地板组件和相连接的梁-内部	1	20	1	12	6	SSI	0.084	0.092
53－40－P08	详细检查中机身-后压力地板组件和相连接的梁-内部	1	20	3	12/30 000	6/7 500	PSE	0.092	

2. 案例二

在飞机运营阶段，运营人反馈该勤务任务间隔跟使用情况有关，任务间隔为 2 000 飞行小时导致任务频次过高，同时任务时间过长，要求主制造商给出解决方案，能够切实降低 DMC。厕所勤务任务 DMC 优化见表 9.10。

表 9.10　厕所勤务任务 DMC 优化

ATA	任 务 名 称	任务间隔/FH	接近时间/小时	维修人工时/小时	技术材料费用/美元	DMC/（美元/飞行小时）
38－32－00	厕所废水管勤务任务	2 000	0.03	6	10	0.185 9

针对维修间隔和任务时间给出优化措施如下：

（1）运营人可根据飞机实际运行情况（航程和日常使用情况）来确定检查间隔；

（2）改善勤务程序，通过增加循环清洁泵来进行厕所废水管勤务任务，缩短任务时间来减少人力成本。

经优化后，人工时为 4 小时，按使用情况任务间隔在 2 600～4 000 飞行小时范围内波动，DMC 值均低于 0.1 美元/飞行小时，该优化方案适用且有效。DMC 变化见图 9.13。

缩减任务时间

延长任务间隔

间隔/人工时	1.03	1.53	2.03	2.53	3.03	3.53	4.03	4.53	5.03	5.53	6.03
200	0.1127	0.509	0.659	0.809	0.959	1.109	1.259	1.409	1.559	1.709	1.859
400	0.05635	0.2545	0.3295	0.4045	0.4795	0.5545	0.6295	0.7045	0.7795	0.8545	0.9295
600	0.037567	0.169667	0.219667	0.269667	0.319667	0.369667	0.419667	0.469667	0.519667	0.569567	0.619667
800	0.028175	0.12725	0.16475	0.20225	0.23975	0.27725	0.31475	0.35225	0.38975	0.42725	0.46475
1000	0.02254	0.1018	0.1318	0.1618	0.1918	0.2218	0.2518	0.2818	0.3118	0.3418	0.3718
1200	0.018783	0.084833	0.109833	0.134833	0.159833	0.184833	0.209833	0.234833	0.259833	0.284833	0.309833
1400	0.0161	0.072714	0.094143	0.115571	0.137	0.158429	0.179857	0.201286	0.222714	0.244143	0.265571
1600	0.014088	0.063625	0.082375	0.101125	0.119875	0.138625	0.157375	0.176125	0.194875	0.213625	0.232375
1800	0.012522	0.056556	0.073222	0.089889	0.106556	0.123222	0.139889	0.156556	0.173222	0.189889	0.206556
2000	0.01127	0.0509	0.0659	0.0809	0.0959	0.1109	0.1259	0.1409	0.1559	0.1709	0.1859
2200	0.010245	0.046273	0.059909	0.073545	0.087182	0.100818	0.114455	0.128091	0.141727	0.155364	0.169
2400	0.009392	0.042417	0.054917	0.067417	0.079917	0.092417	0.104917	0.117417	0.129917	0.142417	0.154917
2600	0.008669	0.039154	0.050692	0.062231	0.073769	0.085308	0.096846	0.108385	0.119923	0.131462	0.143
2800	0.00805	0.036357	0.047071	0.057786	0.0685	0.079214	0.089929	0.100643	0.111357	0.122071	0.132786
3000	0.007513	0.033933	0.043933	0.053933	0.063933	0.073933	0.083933	0.093933	0.103933	0.113933	0.123933
3200	0.007044	0.031813	0.041188	0.050563	0.059938	0.069313	0.078688	0.088063	0.097438	0.106813	0.116188
3400	0.006629	0.029941	0.038765	0.047588	0.056412	0.065235	0.074059	0.082882	0.091706	0.100529	0.109353
3600	0.006261	0.028278	0.036611	0.044944	0.053278	0.061611	0.069944	0.078278	0.086611	0.094944	0.103278
3800	0.005932	0.026789	0.034684	0.042579	0.050474	0.058368	0.066263	0.074158	0.082053	0.089947	0.097842
4000	0.005635	0.02545	0.03295	0.04045	0.04795	0.05545	0.06295	0.07045	0.07795	0.08545	0.09295

图 9.13　优化后 DMC 变化情况

　　具体的优化方案将以服务通告或服务信函方式发给运营人,包括如何根据使用情况确定任务间隔及任务施工方法。随后,技术出版物将随之改版,以满足运营人使用需求。

第 10 章　民用飞机 DMC 工作的发展方向与展望

10.1　发展方向

近年来,我国民航业快速发展,国内的民用飞机制造业也在逐步深入和推进,但是整体来说,民用飞机制造还处于起步阶段,针对飞机全生命流程的 DMC 分析和控制还没有成熟的方法。针对国内民航业的发展现状,很有必要开展民用飞机 DMC 控制技术和方法的研究,通过研究民用飞机 DMC 的分析方法以及 DMC 的控制方法,不仅可以为国产飞机制造商提供维修成本分析的依据,同时可为航空公司进行维修成本控制提供决策依据和方法。对于国内飞机制造商,通过这些技术成果的应用,可以提升其维修工程分析能力,从而增强其国际竞争力,同时,可以极大降低航空公司的维修成本,提升其运营水平。

目前国内民航业下一步需要开展的主要研究方向如下。

（1）民用飞机 DMC 数据智能化处理技术方法研究

目前国内各航空企业都有自己的软件系统进行设计、运行、维修等数据的收集和分析,但是,从航空器全生命流程的 DMC 控制来说,数据非常杂乱且不完整。若要进行全生命周期的飞机 DMC 控制方法的研究,首先要进行数据的智能化处理方法和技术的研究,对大量数据进行归一化、智能化的分析和处理,建立和健全完整的 DMC 数据库以及分析方法。

（2）基于 DMC 大数据分析的智能决策技术研究

基于大量的 DMC 数据,要进行飞机全生命流程的 DMC 控制,需要针对大数据的分析方法、数据挖掘方法等方面进行研究,提取有价值的信息,以及信息之间的相互关系,并与智能化维修工具相结合,从而研究基于大数据的 DMC 智能决策支持技术,完成全生命周期的飞机 DMC 控制,并反馈于维修任务及维修活动,形成闭环的 DMC 控制方法。

（3）维修工程标准体系研究

目前国内主要分为空客和波音两大维修工程体系,没有统一的航空器维修行业标准。维修工程标准体系的研究能够解决目前我国航空器维修工程领域维修标准不统一、维修数据标准不一致的问题;统一当前航空器制造商、用户、适航当局之间的维修标准,统一规范维修数据原始格式、类型、管理方法与流程。

针对我国飞机维修现状,以欧洲航空航天与防务工业协会（ASD）国际系列规范为基础,建立我国航空器维修工程领域的行业规范,为飞机的全生命周期建立统一的维修技术标准;为飞机设计、制造、运营及维修全生命周期的交互提供统一的技术规范;实现飞机维修资源的共享和交互,从而合理利用维修资源、降低维修成本;构建全生命周期维修标准化体系。

10.2　展望

进入 21 世纪以后,航空公司开始注意到降低飞机维修成本是提高企业经济效益的一条重要途径,并加强了维修成本管理方面的投入。不少航空公司提出了自己的见解,总结起来主要有四个观点:第一,做好机型选择和机队规划是控制 DMC 的第一步;第二,加强维修工程管理(包括维修方案管理、航材管理、索赔管理等)是控制 DMC 的基础;第三,提高 DMC 分析技术(包括对维修成本的理解、大修成本/发动机送修成本的评估、维修成本管理软件开发等)是控制维修成本的有力保障;第四,深化领导层对 DMC 重要性的认识是控制 DMC 的必要条件。

DMC 虽然得到了一定的重视,一些学者和单位也开始对 DMC 进行研究,但涉及的方面还很有限,即使涉及了也没有进行更加深入的专项研究。虽然航空公司对维修成本的研究相对较多一些,但多从本企业的角度出发,寻求从技术和管理方面控制维修成本的方法,并没有涉及飞机本体。所以,国内对于如何从整体上把握 DMC 问题还没有一个成熟的概念,对于如何从飞机全生命的角度考虑 DMC 的分析与控制问题也没有一套成熟的方法。另外,目前我国自主研制的民用飞机型号较少,且未形成系列化,对维修成本数据的收集和整理工作起步也较晚。

因此,针对国内民航业的发展现状,很有必要开展民用飞机全生命流程的 DMC 控制技术和方法的研究,建立健全航空器全生命周期的维修工程体系。基于大数据的航空器全生命周期维修工程体系建设,旨在以飞机维修方案控制与优化理论及技术研究为主线,整合并优化全行业维修资源,为国内民用飞机运营商和适航部门在飞机维修方案优化、状态监控和故障预测等方面奠定理论和技术基础,实现在飞机维修各领域中(机械、电气、电子、管理)关键技术的重要突破,形成信息资源共享云架构平台,建立符合我国国情、引领行业发展、基于大数据的航空器全生命维修工程体系,有效提高民航维修工程分析技术和管理水平。同时,维修工程体系的成功建设,将有效促进民航交通运输业与航空制造业之间的科研联动,引导飞机、发动机和机载设备等国产化,服务国家大飞机战略,对于建立健全我国自主研发飞机的售后服务和运行支持技术体系均具有深远的战略意义。

参考文献

［1］梁剑.基于成本优化的航空发动机视情维修决策研究［D］.南京：南京航空航天大学博士学位论文,2004.

［2］George W，van Bodegraven. Commercial Aircraft DOC Methods［M］. AIAA PAPER 90－3224，1990.

［3］Poubeau J. Direct Maintenance Costs — Art or Science? ［M］. Blagnac：AirbusIndustrie，1989.

［4］王英明.航空公司怎样保持较低的维修成本［J］.适航与维修，2003,(149)：53－54.

［5］吴正勇.飞机设计手册（21 分册）［M］.北京：航空工业出版社,2000.

［6］MIL－STD－471，Maintenance Ability Verification，Demonstration and Evaluation［S］. USA：AMSC，2001.

［7］ARP 4761，Guidelines and Methods for Conducting Safety Assessment Procedures on Civil Airborne Systems and Equipment［S］. USA：SAE，1996.

［8］ATA 100，Air Transport Association（ of America ）Specification for Manufacturers' Technical Data［S］. USA：ATA，1956.

［9］MSG－3，Airline Manufacture Maintenance Program Development Document［S］. USA：ATA，2015.

［10］S1000D，International Specification for Technical Publications ［S］. Belgium：ASD，2012.

［11］S3000L，International Specification for Technical Publications ［S］. Belgium：ASD/AIA，2010.

[12] S5000F，International Specification for Operational and Maintenance Data Feedback[S]. Belgium：ASD/AIA，2016.

[13] 吴静敏.民用飞机全生命维修成本控制与分析关键问题研究[D].南京：南京航空航天大学博士学位论文,2006：12－19.

[14] 陈勇.民用飞机维修成本分析与评估[D].南京：南京航空航天大学硕士学位论文,2006：22－31.

[15] 毕翠霞,徐峻,魏法杰.基于价值工程的民用飞机维修目标成本分配[J].工业工程,2012,4(15)：105－108.

[16] AC 25－19A，Certification Maintenance Requirements[S]. USA：Department of Transportation.

[17] Special Federal Aviation Regulation No.88.(SFAR88)[S]. USA：FAA.

[18] 王瑾,冯振宇,齐亮,等.民用飞机闪电分区适航验证技术研究进展[J].中国安全生产科学技术,2011,7(12)：97－102.

[19] 梁剑,左洪福.民用飞机维修成本评估[J].交通运输工程学报,2002,2(4)：95－98.

[20] 刘春红.基于可靠性的民机维修成本分析与优化研究[D].南京：南京航空航天大学硕士学位论文,2010.

[21] 商桂娥,苏茂根.面向民用飞机设计的维修成本分析[Z].第六届中国航空学会青年科技论坛,2014：1754－1757.

[22] 龚春林.多学科设计优化技术研究[D].西安：西北工业大学硕士学位论文,2004.

[23] 胡峪,李为吉.飞机多学科设计中的协同优化算法[J].西北工业大学学报,2001,19(3)：357－360.

[24] 白小涛.飞机多学科设计协同优化及近似技术研究[D].西安：西北工业大学硕士学位论文,2005.

[25] 韩明红,邓家褆.协同优化算法的改进[J].机械工程学报,2006,42(11)：34－38.

[26] 彭样东,龙飞.航空飞机维修低成本的控制策略[J].中小企业管理与科技,2014,(20)：57－58.

[27] 刘万富.从会计职能角度谈航空公司飞机维修成本的管理和核算[J].财经界,2013,(12)：134－136.

[28] 黄爱军,刘艳红,等.基于工程估算法的维修支援成本计算模型研究[J].中国民航大学学报,2016,(2)：23－26.

[29] 李向荣,郭广生,等.武器装备生命周期费用估计方法研究[J].科技导报,2008,(15)：84－88.

［30］ 王芳.民航维修成本控制的研究与评价［J］.科技创新与应用,2014,（26）：41-42.

［31］ 陆华,管宇.基于单机生命管理的飞机维修方案调整［J］.沈阳航空航天大学学报,2013,30(3)：78-81.

［32］ 李晓勇,宋文滨.民用飞机全生命周期成本及经济性设计研究［J］.中国民航大学学报,2012,30(2)：48-55.

［33］ 王诗姐,洪宝超.基于方案优化的维修成本控制研究［J］.科技资讯,2014,12(17)：142-144.

［34］ 陈剑波,余雄庆.客机总体方案设计中的直接运营成本估算方法［J］.江苏航空,2011,（1）：2-3.

［35］ 谭雪花,王华伟.飞机维修方案优化支持系统框架研究［J］.计算机技术与发展,2008,18(11)：183-186.

［36］ 王国华.航空公司飞机维修成本及其控制［J］.机械设计与制造工程,2011,40(23)：79-84.

［37］ 朱新铭.民用飞机全生命周期成本分析［D］.广汉：中国民用航空飞行学院硕士学位论文,2013.

［38］ 许敏.民用飞机直接运营成本（DOC）计算方法研究与应用［J］.新会计,2010,（8）：25-27.

［39］ 冉隆吉.飞机维修成本标准化控制初探［J］.航空维修与工程,2009,（6）：44-45.

［40］ 约翰克罗夫特,成磊.更长的在翼时间,更低的维修成本［J］.航空维修与工程,2005,（2）：11-12.

［41］ 张康,叶叶沛.美国市场直接运营成本（DOC）计算分析方法应用研究［J］.民用飞机设计与研究,2012,（3）：41-48.

［42］ 俞婧祎,阎婉婷,汤莉莉.基于作业成本法的航空公司成本费用核算的优化分析［J］.科技资讯,2012,（25）：174-175.

［43］ 吴金栋,魏志强.成本指数——航空公司控制运营成本的关键一环［J］.中国民用航空,2007,（5）：31-33.

［44］ 吴静敏,左洪福.基于案例推理的直接维修成本预计方法［J］.航空学报,2005,26(2)：190-194.

［45］ 李宗琦.关于我国航空机务维修成本管理信息化的思考［J］.计算机工程,2005,31(s1)：15-16.

［46］ 马星炜,刘莉,等.民用飞机气动工程估算软件设计与开发［J］.航空计算技术,2012,（42）：110-114.

［47］ 陈勇,吴静敏,左洪福.面向全生命周期的民机直接维修成本分析和控制［J］.

航空维修与工程,2006,(5):24－27.

[48] 刘欣.中国民航业成本控制问题研究[D].长春:吉林大学硕士学位论文,2007.

[49] 李晓勇,廖琳雪.民用飞机 DMC 计算模型应用研究[J].飞机设计,2012,(2):43－48.

[50] 张常青.对飞机维修成本控制的设想[J].中国民用航空,1997,(3):42－43.

[51] 孙宏,孙磊.航材管理对维修成本的影响[J].航空维修与工程,2005,(2):36－37.

[52] 程小康.降低航空公司运营成本的有效途径分析[J].成都信息工程学院学报,2008,23(1):108－112.

[53] 王莹,王勇,徐志锋,等.民用飞机直接维修成本分析与控制技术[J].航空维修与工程,2014,4:103.

缩略词

ACAP：aircraft characteristics for airport planning，用于机场计划的飞机特性手册

ACO：Aircraft Certification Office，飞机审定办公室

AD：accidental damage，意外损伤

AD：airworthiness directive，适航指令

ADIR：achieved dispatch interruption rate，可实现的派遣中断率

AEA：Association of European Airlines，欧洲航空公司协会

AFM：aircraft flight manual，飞机飞行手册

AIPC：aircraft illustrated parts catalog，飞机图解零件目录

ALI：airworthiness limit item，适航限制项

ALS：airworthiness limit section，适航限制部分

AMM：aircraft maintenance manual，飞机维修手册

AOC：all operator circular，所有运营人通告

AOG：airplane on ground，飞机停场

APU：auxiliary power unit，辅助动力装置

ARM：aircraft recovery manual，飞机抢救手册

ASD：Aerospace and Defence Industries Association of Europe，欧洲航空航天与防务工业协会

ATA：Air Transport Association of America，美国航空运输协会

AWL：airworthiness limitation，适航限制

B2U：bottom to up，自下而上

BITE：built in test equipment，内置测试设备

BUR：basic unscheduled removal，基本非计划拆除

CAEP：Committee of Aviation Environmental Protection，航空环境保护委员会

CASES：civil aircraft sales engineering system，民用飞机销售工程系统

CBR：case based reasoning，基于案例推理

CC：cyclical cost，循环性成本

CCMR：candidate certification maintenance requirements，候选审定维修要求

CCOM：cabin crew operation manual，客舱机组操作手册

CDCCL：critical design configuration control limitation，关键设计构型控制限制

CFRC：crash fire rescue card，失火抢救信息卡

CMCC：Certification Maintenance Coordination Committee，审定维修协调委员会

CMM：component maintenance manual，部件维修手册

CMP：configuration maintenance program，构型维修程序

CMR：certification maintenance requirements，审定维修要求

CPCP：corrosion protection and control plan，腐蚀防护与控制方案

CPM：consumable product manual，消耗品手册

DCM：dependability cost model，可信性成本模型

DDG：dispatch deviation guide，方向偏离指南

DET：detailed inspection，详细目视检查

DIR：dispatch interruption rate，签派中断率

DIS：discard，报废

DMC：direct maintenance cost，直接维修成本

DMCG：direct maintenance cost guarantee，直接维修成本担保值

DOC：direct operation cost，直接运营成本

DR：dispatch reliability，签派可靠性

DSEA：damage and special event analysis，损伤与特殊事件分析

DTA：damage tolerance analysis，损伤容限分析

ED：environment damage，环境损伤

EICAS：engine indication and crew alarm system，发动机指示与机组告警系统

EIPC：engine illustrated parts catalog，发动机图解零件目录

EIS：enter into service，投入运营

EM：engine manual，发动机手册

EMM：engine maintenance manual，发动机维修手册

ESPM：engine standard practices manual，发动机标准实施手册

ETEM：engine tool and equipment manual，发动机工具和设备手册

ETOP：extended-range twin-engine operational performance，延程运行

ETOPSG：extended-range twin-engine operational performance standards guidance，延程运行指南

EWIS：electrical wiring interconnection system，电气线路互联系统

EWISM：electrical wiring interconnection system manual，电气线路互联系统手册

EZAP：enhanced zonal analysis procedure，增强区域分析程序

FAL：fuel system airworthiness limitation，燃油系统适航限制

FC：flight cycle，飞行循环

FCOM：flight crew operation manual，飞行机组操作手册

FCTM：flight crew training manual，飞行机组训练手册

FD：fatigue damage，疲劳损伤

FH：flight hour，飞行小时

FIM：fault isolation manual，故障隔离手册

FMEA：failure mode and effect analysis，故障模式与影响分析

FNC：function check，功能检查

FOD：foreign object damage，外来物体损伤

FRM：fault report manual，故障报告手册

FTA：fault tree analysis，故障树分析

FTSSA：fuel tank system safety assessment，燃油箱系统安全评估

GA：genetic algorithm，遗传算法

GE：General Electric Company，通用电气公司

GSE：ground support equipment，地面支持设备

GVI：general visual inspection，一般目视检查

HC：hour cost，小时成本

ICA：instruction for continuous airworthiness 持续适航文件

ICAO：The International Civil Aviation Organization，国际民航组织

IFSD：in-flight shut down，空中停车

IMA：integrated modular avionics，综合模块化电子系统

IMC：indirect maintenance cost，间接维修成本

INS：inspection，检查

IOC：indirect operation cost，间接运营成本

ISC：Industry Steering Committee，工业指导委员会

JDP：joint development phase，联合开发阶段

KPI：key performance indicators，关键绩效指标

L/HIRF：lightning/high intensity radiated fields，闪电/高能辐射场

LLC：life limited component，限寿件

LORA：level of repair analysis，维修等级分析

LRHE：list of radioactive hazardous elements，辐射性及有害元件清单

LROA：logistics related operations analysis,后勤相关使用任务分析

LRU：line replaceable unit,航线可更换单元

LSA：logistics support analysis,后勤保障分析

LUB：lubrication,润滑

MEA：maintenance engineering analysis,维修工程分析

MFHBF：mean flight hours between failures,平均故障间隔飞行小时

MFP：maintenance facility planning,维修设施计划

MH：man-hours,人工时

MMH：maintenance man hour,维修人工时

MPD：maintenance planning document,维修计划文件

MR&O：market requirements and objectives,市场要求与目标

MRB：Maintenance Review Board,维修审查委员会

MRBR：maintenance review board report,维修审查委员会报告

MSG：Maintenance Steering Group,维修指导小组

MSI：maintenance significant item 重要维修项目

MTA：maintenance task analysis,维修任务分析

MTBF：mean time between failure,平均故障间隔时间

MTBUR：mean time between unscheduled removals,平均非计划拆换间隔

MTC：maintenance task card,维修工卡

MTPM：mean time between planned maintenance,平均计划维修间隔

MTTR：mean time to repair,平均修复时间

NASA：National Aeronautics and Space Administration,美国航空航天局

NDT：non-destructive testing manual,无损检测手册

NFF：no fault found,无故障发现

OIC：operator information circular,运营人信息通告

OMS：onboard maintenance system,机载维修系统

OPC：operation check,操作检查

P&W：Pratt & Whitney Group,普惠公司

PCL：pilot check list,机组检查单

PMMEL：proposedmaster minimum equipment list,推荐主最低设备清单

PPBUM：power plant build-up manual,动力装置总成手册

PSE：principal structural element,主要结构件

PSG：passenger safety guidance,乘客安全须知

QRH：quick reference handbook,快速检查单

R&R：Rolls-Royce,罗罗公司

RST：restore，恢复

RTO：rejected takeoff rate，起飞中断率

SADIR：system achieved dispatch interruption rate，系统实现调度中断率

SADIRC：system achieved dispatch interruption rate for cancellation，系统实现取消调度中断率

SADIRD：system achieved dispatch interruption rate for delays，系统实现延迟调度中断率

SB：service bulletins，服务通告

SDI：special detailed inspection，特殊详细目视检查

SL：service letter，服务信函

SM：standard manual，标准件手册

SMA：scheduled maintenance analysis，计划维修分析

SMC：scheduled maintenance cost，计划维修成本

SRM：structural repair manual，结构修理手册

SSA：system security assessment，系统安全评估

SSI：significant structure item，重要结构项目

SSM：system schematic manual，系统原理图册

SVC：service，勤务

SWPM：standard wiring practices manual，标准线路施工手册

TBF：time between failures，故障间隔时间

TC：type certificate，型号合格证

TEM：tool and equipment manual，工具和设备手册

TFFH：total fleet flight hours，机队飞行总时间

TM：transportation manual，运输手册

TSA：trouble shooting analysis，排故分析

UMC：unscheduled maintenance cost，非计划维修成本

VCK：visual check，目视检查

VIM：vendor information manual，供应商信息手册

WATOG：World Airline Technical Operations Glossary，世界航空技术运营术语

WBM：weight and balance manual，重量平衡手册

WBS：work breakdown structure，工作分解结构

WDM：wiring diagram manual，线路手册

中国在未来20年需要 **6 330**架新飞机，价值**9 500**亿美元

▼

占全球新飞机总数的16.6%	占亚太新飞机总数的44.2%	市场价值占全球17%
16.6%	**44.2%**	**17%**
6 330/38 050架	6 330/14 330架	9 500亿美元/56 000亿美元

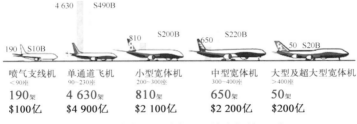

喷气支线机	单通道飞机	小型宽体机	中型宽体机	大型及超大型宽体机
<90座	90~230座	200~300座	300~400座	>400座
190架	**4 630**架	**810**架	**650**架	**50**架
$100亿	$4 900亿	$2 100亿	$2 200亿	$200亿

图 1.1　波音公司对中国民航市场的预测

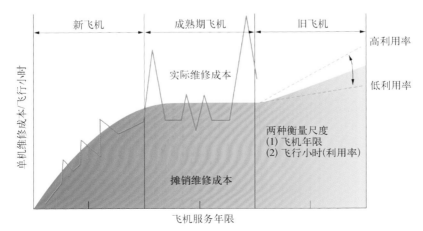

图 2.3　维修成本变化趋势图

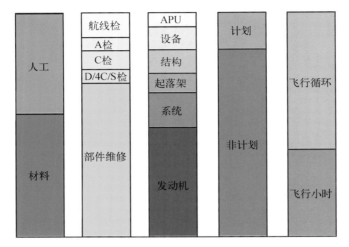

图 4.1 DMC 的构成要素划分方法

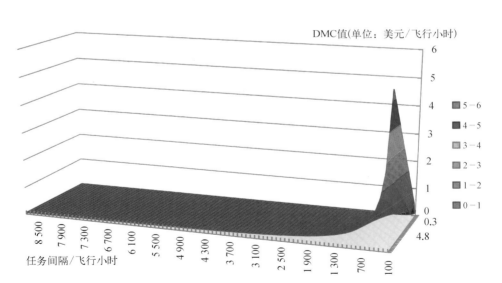

图 9.10 维修人工时及任务间隔对 DMC 的影响